新起点电脑教程

Dreamweaver CC 中文版网页设计与制作基础教程

文杰书院　编著

清华大学出版社

北　京

内 容 简 介

本书是"新起点电脑教程"系列丛书的一个分册,以通俗易懂的语言、翔实生动的操作案例、精挑细选的使用技巧,指导初学者快速掌握 Dreamweaver CC 中文版的基础知识与使用方法。

本书共 14 章,主要内容包括网页设计与制作基础、创建与管理站点、在网页中编排文本和多媒体对象、设计网页超级链接、使用表格和 CSS 布局页面、使用模板和库创建网页、在网页中应用表单和行为、制作 jQuery Mobile 页面以及站点的发布与推广等方面的知识。

本书配套一张多媒体全景教学光盘,收录了本书全部知识点的视频教学课程,同时还赠送了 4 套相关视频教学课程。超低的学习门槛和超大光盘内容含量,可以帮助读者循序渐进地学习、掌握和提高。

本书面向学习该软件的初中级用户,适合无基础知识又想快速掌握 Dreamweaver CC 入门操作经验的读者,同时对有经验的 Dreamweaver CC 使用者也有很高的参考价值,还可以作为高等院校专业课教材和社会培训机构平面设计培训教材。

图书在版编目(CIP)数据

Dreamweaver CC 中文版网页设计与制作基础教程/文杰书院编著. —北京:清华大学出版社,2016
(新起点电脑教程)
ISBN 978-7-302-44329-2

Ⅰ. ①D… Ⅱ. ①文… Ⅲ. ①网页制作工具—教材 Ⅳ. ①TP393.092

中国版本图书馆 CIP 数据核字(2016)第 164354 号

责任编辑:魏 莹 李玉萍
封面设计:杨玉兰
责任校对:刘秀青
责任印制:沈 露

出版发行:清华大学出版社
　　　网　　址:http://www.tup.com.cn, http://www.wqbook.com
　　　地　　址:北京清华大学学研大厦 A 座　　邮　编:100084
　　　社 总 机:010-62770175　　　　　　　邮　购:010-62786544
　　　投稿与读者服务:010-62776969, c-service@tup.tsinghua.edu.cn
　　　质量反馈:010-62772015, zhiliang@tup.tsinghua.edu.cn
印 装 者:北京密云胶印厂
经　　销:全国新华书店
开　　本:185mm×260mm　　印　张:18　　字　数:438 千字
　　　　　(附 DVD 1 张)
版　　次:2016 年 8 月第 1 版　　　　　印　次:2016 年 8 月第 1 次印刷
印　　数:1～3000
定　　价:45.00 元

产品编号:068502-01

致 读 者

"全新的阅读与学习模式 + 多媒体全景拓展教学光盘 + 全程学习与工作指导"三位一体的互动教学模式，是我们为您量身定做的一套完美的学习方案，为您奉上的丰盛的学习盛宴！

创造一个多媒体全景学习模式，是我们一直以来的心愿，也是我们不懈追求的动力，愿我们奉献的图书和光盘可以成为您步入神奇电脑世界的钥匙，并祝您在最短时间内能够学有所成、学以致用。

全新改版与升级行动

"新起点电脑教程"系列图书自 2011 年年初出版以来，其中的每个分册多次加印，创造了培训与自学类图书销售高峰，赢得来自国内各高校和培训机构，以及各行各业读者的一致好评，读者技术与交流 QQ 群已经累计达到几千人。

本次图书再度改版与升级，汲取了之前产品的成功经验，针对读者反馈信息中常见的需求，我们精心改版并升级了主要产品，以此弥补不足，希望通过我们的努力能不断满足读者的需求，不断提高我们的服务水平，进而达到与读者共同学习和共同提高的目的。

全新的阅读与学习模式

如果您是一位初学者，当您从书架上取下并翻开本书时，将获得一个从一名初学者快速晋级为电脑高手的学习机会，并将体验到前所未有的互动学习的感受。

我们秉承"打造最优秀的图书、制作最优秀的电脑学习软件、提供最完善的学习与工作指导"的原则，在本系列图书编写过程中，聘请电脑操作与教学经验丰富的老师和来自工作一线的技术骨干倾力合作编著，为您系统化地学习和掌握相关知识与技术奠定扎实的基础。

轻松快乐的学习模式

在图书的内容与知识点设计方面，我们更加注重学习习惯和实际学习感受，设计了更加贴近读者学习的教学模式，采用"基础知识讲解+实际工作应用+上机指导练习+课后小结与练习"的教学模式，帮助读者从初步了解与掌握到实际应用，循序渐进地成为电脑应用的高手与行业精英。"为您构建和谐、愉快、宽松、快乐的学习环境，是我们的目标！"

赏心悦目的视觉享受

为了更加便于读者学习和阅读本书，我们聘请专业的图书排版与设计师，根据读者的阅读习惯，精心设计了赏心悦目的版式。全书图案精美、布局美观，读者可以轻松完成整个学习过程。"使阅读和学习成为一种乐趣，是我们的追求！"

更加人文化、职业化的知识结构

作为一套专门为初、中级读者策划编著的系列丛书，在图书内容安排方面，我们尽量摒弃枯燥无味的基础理论，精选了更适合实际生活与工作的知识点，帮助读者快速学习、快速提高，从而达到学以致用的目的。

- ◎ 内容起点低，操作上手快，讲解言简意赅，读者不需要复杂的思考，即可快速掌握所学的知识与内容。
- ◎ 图书内容结构清晰，知识点分布由浅入深，符合读者循序渐进与逐步提高的学习习惯，从而使学习达到事半功倍的效果。
- ◎ 对于需要实践操作的内容，全部采用分步骤、分要点的讲解方式，图文并茂，使读者不但可以动手操作，还可以在大量的实践案例练习中，不断提高操作技能和经验。

精心设计的教学体例

在全书知识点逐步深入的基础上，根据知识点及各个知识板块的衔接，我们科学地划分章节，在每个章节中，采用了更加合理的教学体例，帮助读者充分了解和掌握所学知识。

- ◉ 本章要点：在每章的章首页，我们以言简意赅的语言，清晰地表述了本章即将介绍的知识点，读者可以有目的地学习与掌握相关知识。
- ◉ 知识精讲：对于软件功能和实际操作应用比较复杂的知识，或者难以理解的内容，进行更为详尽的讲解，帮助您拓展、提高与掌握更多的技巧。
- ◉ 实践案例与上机指导：读者通过阅读和学习此部分内容，可以边动手操作，边阅读书中所介绍的实例，一步一步地快速掌握和巩固所学知识。
- ◉ 思考与练习：通过此栏目内容，不但可以温习所学知识，还可以通过练习，达到巩固基础、提高操作能力的目的。

■ 多媒体全景拓展教学光盘

本套丛书配套的多媒体全景拓展教学光盘，旨在帮助读者完成"从入门到提高，从实践操作到职业化应用"的一站式学习与辅导过程。

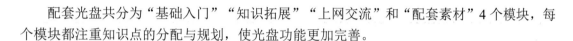

配套光盘共分为"基础入门""知识拓展""上网交流"和"配套素材"4个模块，每个模块都注重知识点的分配与规划，使光盘功能更加完善。

基础入门

在基础入门模块中，为读者提供了本书重要知识点的多媒体视频教学全程录像。

知识拓展

在知识拓展模块中，为读者免费赠送了与本书相关的4套多媒体视频教学录像。读者在学习本书视频教学内容的同时，还可以学到更多的相关知识，读者相当于买了一本书，即可获得5本书的知识与信息量！

上网交流

在上网交流模块中，为读者提供了"清华大学出版社"和"文杰书院"的网址链接，读者可以快速地打开相关网站，为学习提供便利。

配套素材

在配套素材模块中，为读者免费提供了与本书相关的配套学习资料与素材文件，帮助读者有效地提高学习效率。

图书产品与读者对象

"新起点电脑教程"系列丛书涵盖电脑应用各个领域，为各类初、中级读者提供了全面的学习与交流平台，帮助读者轻松实现对电脑技能的了解、掌握和提高。本系列图书具体书目如下。

分　类	图　书	读者对象
电脑操作基础入门	电脑入门基础教程(Windows 7+Office 2013 版)	适合刚刚接触电脑的初级读者，以及对电脑有一定的认识、需要进一步掌握电脑常用技能的电脑爱好者和工作人员，也可作为大中专院校、各类电脑培训班的教材
	五笔打字与排版基础教程(第 2 版)	
	Office 2013 电脑办公基础教程	
	Excel 2013 电子表格处理基础教程	
	计算机组装·维护与故障排除基础教程(第 2 版)	
	电脑入门与应用(Windows 8+Office 2013 版)	

分　类	图　书	读者对象
电脑基本操作与应用	电脑维护·优化·安全设置与病毒防范	适合电脑的初、中级读者，以及对电脑有一定基础、需要进一步学习电脑办公技能的电脑爱好者与工作人员，也可作为大中专院校、各类电脑培训班的教材
	电脑系统安装·维护·备份与还原	
	PowerPoint 2010 幻灯片设计与制作	
	Excel 2013 公式·函数·图表与数据分析	
	电脑办公与高效应用	
图形图像与辅助设计	Photoshop CC 中文版图像处理基础教程	适合对电脑基础操作比较熟练，在图形图像及设计类软件方面需要进一步提高的读者，适合图像编辑爱好者、准备从事图形设计类的工作人员，也可作为大中专院校、各类电脑培训班的教材
	会声会影 X8 影片编辑与后期制作基础教程	
	AutoCAD 2016 中文版基础教程	
	CorelDRAW X6 中文版平面创意与设计	
	Flash CC 中文版动画制作基础教程	
	Dreamweaver CC 中文版网页设计与制作基础教程	
	Creo 2.0 中文版辅助设计入门与应用	
	Illustrator CS6 中文版平面设计与制作基础教程	
	UG NX 8.5 中文版基础教程	

全程学习与工作指导

　　为了帮助您顺利学习、高效就业，如果您在学习与工作中遇到疑难问题，欢迎来信与我们及时交流与沟通，我们将全程免费答疑。希望我们的工作能够让您更加满意，希望我们的指导能够为您带来更大的收获，希望我们可以成为志同道合的朋友！

　　您可以通过以下方式与我们取得联系。

　　QQ 号码：18523650

　　读者服务 QQ 群号：185118229 和 128780298

　　电子邮箱：itmingjian@163.com

　　文杰书院网站：www.itbook.net.cn

　　最后，感谢您对本系列图书的支持，我们将再接再厉，努力为您奉献更加优秀的图书。衷心地祝愿您能早日成为电脑高手！

编　者

前　言

　　Dreamweaver CC 是由 Adobe 公司开发的网页设计与制作软件，主要用于 Web 站点、Web 页面和 Web 应用程序的设计、编码和开发，利用它可以轻松制作出跨越平台限制、充满动感的网页。它功能强大、易学易用，深受网页制作爱好者和网页设计师的喜爱，已经成为这一领域最流行的软件之一。为帮助读者快速掌握与应用 Dreamweaver CC 软件，以便在工作中学以致用，我们编写了本书。

　　本书为读者快速入门 Dreamweaver CC 提供了一个崭新的学习和实践平台，无论从基础知识安排还是应用能力的训练，都充分考虑了用户的需求，可以快速达到理论知识与应用能力的同步提高。

　　本书根据电脑初学者的学习习惯，采用由浅入深、由易到难的方式讲解。读者还可以通过随书赠送的多媒体视频光盘学习。全书结构清晰、内容丰富，主要内容包括以下 4 个方面。

1. 基础入门

　　第 1～2 章，介绍 Dreamweaver CC 的基础知识，包括网页的基本要素、网页中的色彩特性以及 Dreamweaver CC 的工作环境等内容。

2. 网页设计与制作

　　第 3～7 章，介绍网页设计与制作的内容，包括创建与管理站点、在网页中编排文本、使用图像与多媒体丰富网页内容、网页超级链接的应用和使用表格布局页面的方法与技巧。

3. CSS 样式布局页面

　　第 8～9 章，主要讲解利用样式布局页面，包括 CSS 样式表、创建 CSS 样式、将 CSS 应用到网页、CSS 布局方式和使用 AP Div 元素布局页面等方面的方法与技巧。

4. 动态网页设计

　　第 10～14 章，全面讲解动态网页设计方面的知识，包括利用模板和库创建网页、使用表单、使用行为创建动态效果、制作 jQuery Mobile 页面以及站点的发布和推广方面的知识。

　　本书由文杰书院组织编写，参与本书编写工作的有李军、袁帅、文雪、肖微微、李强、高桂华、蔺丹、张艳玲、李统财、安国英、贾亚军、蔺影、李伟、冯臣、宋艳辉等。

　　我们真切希望读者在阅读本书之后，可以开阔视野，增长实践操作技能，并从中学习和总结操作的经验和规律，达到灵活运用的水平。鉴于编者水平有限，书中纰漏和考虑不周之处在所难免，热忱欢迎读者予以批评、指正，以便我们日后能为您编写更好的图书。

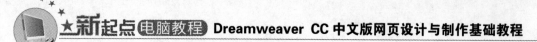

如果您在使用本书时遇到问题，可以访问网站 http://www.itbook.net.cn 或发邮件至 itmingjian@163.com 与我们交流和沟通。

编　者

目　　录

第 1 章

网页设计与制作基础

本章要点

- 📖 网页概述
- 📖 网页编辑器和屏幕分辨率
- 📖 网站制作的基本流程
- 📖 网页设计中的色彩应用
- 📖 网页制作常用软件

本章主要内容

　　本章主要介绍网页概述、网页编辑器和屏幕分辨率、网站制作的基本流程、网页设计中的色彩应用方面的知识与技巧，同时还讲解了网页制作的常用软件。通过本章的学习，读者可以掌握 Dreamweaver CC 网页设计与制作方面的基础知识，为深入学习 Dreamweaver CC 奠定基础。

1.1 网页概述

网页是构成网站的基本元素，也是网站信息发布的一种最常见的表现形式，主要由文字、图片、动画、音频、视频等信息组成。在学习制作网页之前，首先要了解网页的基础知识。

1.1.1 网页基本要素

1. Logo

Logo 是代表企业形象或栏目内容的标志性图片，一般位于网页的左上角，通常有 3 种尺寸：88 像素×31 像素、120 像素×60 像素和 120 像素×9 像素。Logo 是一个站点的象征，也是一个站点是否正规的标志之一。好的 Logo 应能体现该网站的特色、内容及其内在的文化内涵和理念，有着独特的形象标识，并在网站推广和宣传中可以起到事半功倍的效果，如图 1-1 和图 1-2 所示。

图 1-1

图 1-2

2. Banner

Banner 是一种网络广告形式，用于宣传网站内某个栏目或活动，一般要求制作成动画形式，以吸引更多的注意力，在用户浏览网页信息的同时将介绍性的内容简练地加在其中，吸引用户对于广告信息的关注，达到宣传的效果。

Banner 一般位于网页的顶部或底部，有一些小型的广告还会被适当地放在网页的两侧。网站 Banner 广告有多种规格和形式，其中最常用的尺寸是 480 像素×60 像素或 233 像素×30 像素，这种标志广告有多种不同的称呼，如横幅广告、全幅广告、条幅广告和旗帜广告等。通常使用 GIF、JPG 等格式的图像文件或 Flash 文件，既可以使用静态图形，也可以使用动画图像，如图 1-3 所示。

图 1-3

3. 导航栏

导航栏就是一组超链接，用来方便地浏览站点。导航栏可以是按钮或者文本超链接，是网页的重要组成元素，一般用于网站各部分内容之间相互链接的指引。

导航栏的形式多样，可以是简单的文字链接，也可以是设计精美的图片或丰富多彩的按钮，还可以是下拉菜单导航，如图 1-4 所示。

| 网页 | 新闻 | 贴吧 | 知道 | 音乐 | 图片 | 视频 | 地图 | 文库 | 更多» |

图 1-4

导航栏是网页设计中的重要部分，又是整个网页设计中一个较独立的部分。一般来说，网站中的导航栏在各个页面中出现的位置是比较固定的，而且风格也较为一致。导航栏的位置对网站的结构与各个页面的整体布局起到举足轻重的作用，一般有 4 种：在页面的左侧、右侧、顶部和底部。

4. 文本

网页中的信息主要是以文本为主，良好的文本格式可以创建出别具特色的网页，激发用户的兴趣。在网页中，可以通过字体、大小、颜色、底纹、边框等来设计文本的属性，通过不同格式的区别，突出显示重要的内容，如图 1-5 所示。

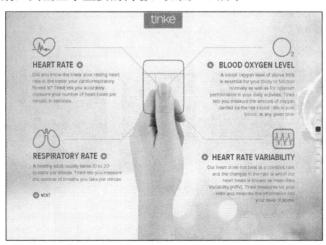

图 1-5

5. 图像

图像在网页中具有提供信息、展示形象、装饰网页、表达个人情趣和彰显风格的作用。图像是文本的说明和解释，在网页适当位置放置一些图像，不仅可以使文本清晰易读，而且会使网页更加有吸引力。

现在几乎所有的网站都会使用图像来增加网页的吸引力，在网页中可以使用的图像格式有 GIF、JPEG 和 PNG 等，其中使用最广泛的是 GIF 和 JPEG 两种格式，如图 1-6 所示。

图 1-6

6. Flash 动画

随着网络技术的发展，网页上出现了越来越多的 Flash 动画，它已经成为当今网站必不可少的部分，美观的动画能够为网页增色，从而吸引更多的用户。

制作 Flash 动画不仅需要对动画制作软件非常熟悉，更重要的是表达设计者独特的创意。随着 Action Script 动态脚本编程语言的发展，Flash 已不再局限于简单的交互式动画。通过复杂的动态脚本编程，可以制作出各种各样有趣、精彩的 Flash 动画，如图 1-7 所示。

图 1-7

1.1.2　网页基本术语

关于网站，有很多相关术语，本节将详细介绍一些常用的网站制作术语。

1. 超级文本

超级文本与普通文本不同，它是一种用户与计算机之间进行交流的文本显示技术，通过对关键词或图片的索引链接，可以使这些带有链接的词语或图片指向相关的文件或者文本中的相关段落。类似于普通书本中的目录，读者要看某一个章节，就要用手翻到相关的页面。在这里，用户用鼠标点击相关的链接(相当于书本中的目录)，就能打开相关的页面或内容。

通常当鼠标指针指向带有超级链接的时候，鼠标指针从原来的箭头形状变为 形状，文本的下方也会出现下划线或者改变颜色。这是软件默认的超级文本的链接形式，依据设计者的不同选择，会出现不同的显示。

2．浏览器

浏览器是安装在电脑中用来查看万维网超级文本的一种工具。每一个万维网的用户都要在电脑上安装浏览器来阅读网页中的信息，这是使用万维网的最基本的条件，就好像我们要用电视机来收看电视节目一样。目前大家所用的 Windows 操作系统中已经内置了浏览器。

3．FTP(文件传输协议)

FTP 是文件传输协议的英文缩写，是快速、高效、可靠的信息传输方式。这个协议能把文件从一台计算机传输到另外一台计算机中，而不必管这两台计算机位置在何处，也不用管这两台计算机使用什么操作系统和使用何种网络，只要它们都遵循 FTP 协议，并且能够通过网络互联。

由于 FTP 是一个交互式的会话系统，因此两台计算机可以分别作为客户端和服务器，它们之间要建立双重连接，一个用于控制，一个用于数据传输。这是制作网页所要使用的重要技术之一。

4．URL(统一资源定位器)

URL 主要用于指明通信协议和地址，以获取网络的各种信息服务，组成部分如下。

➢ 通信协议：http、FTP、Telnet、Mailto 等。
➢ 主机名：指服务器在网络中的 IP 地址或域名。
➢ 所要访问的文件的路径和文件名：主机名与文件夹及文件之间用"/"分隔。
我们在上面所说的浏览器的地址栏中输入的就是 URL。

5．IP 地址

IP 地址是分配给网络上计算机的一组由 32 位二进制数值组成的编号，来对网络中的计算机进行标识。为了方便记忆地址，采用了十进制标记法，每个数值小于等于 225，数值中间用"."隔开。一个 IP 地址对应一台计算机并且是唯一的。这里提醒大家注意的是，所谓的唯一，是指在某一时间内唯一。如果使用动态 IP，那么每一次分配的 IP 地址是不同的，在使用网络的这一时段内，这个 IP 是唯一指向正在使用的计算机的；另一种是静态 IP，它是固定将这个 IP 地址分配给某计算机使用的。网络中的服务器就是使用静态 IP。

6．域名

IP 地址是一组数字，记忆起来不够方便，因此人们给每个计算机赋予了一个具有代表性的名字，这就是主机名，主机名由英文字母或数字组成。将主机名和 IP 对应起来，这就是域名，方便了大家记忆。

域名和 IP 地址是可以交替使用的，但一般域名是要通过转换成 IP 地址才能找到相应的主机，这就是我们上网的时候经常用到的 DNS 域名解析服务。

1.1.3　静态网页和动态网页

1. 静态网页

在网站设计中，纯粹 HTML 格式的网页通常被称为静态网页。早期的网站一般都是由静态网页组成的，一般以.htm、.html、.shtml、.xml 等作为后缀。在 HTML 格式的网页中，可以出现各种动态效果，如 GIF 格式的动画、Flash 动画、滚动字幕等，如图 1-8 所示。

图 1-8

静态网页的特点简要归纳如下。

➢ 每个静态网页都有一个固定的 URL，且网页 URL 以.htm、.html、.shtml、.xml 等常见形式为后缀，而不含有"？"。
➢ 网页内容一旦发布到网站服务器上，每个网页都是一个独立的文件。
➢ 静态网页的内容相对稳定，因此容易被搜索引擎检索。
➢ 静态网页没有数据库的支持，在网站制作和维护方面工作量较大。因此，当网站信息量很大时，完全依靠静态网页制作方式比较困难。
➢ 静态网页的交互性较差，在功能方面有较大的限制。

2. 动态网页

动态网页是指网页文件里包含了程序代码，通过后台数据库与 Web 服务器的信息交互，由后台数据库提供实时数据更新和数据查询服务的网页。

动态网页的 URL 以.aspx、.asp、.jsp、.php、.perl、.cgi 等形式为后缀。动态网页可以是纯文字内容，也可以是包含各种动画的内容，这些只是网页具体内容的表现形式。无论网页是否具有动态效果，采用动态网站技术生成的网页都称为动态网页。

从网站浏览者的角度来看，无论是动态网页还是静态网页，都可以展示基本的文字和图片信息；但从网站开发、管理、维护的角度来看，就有很大的差别，如图 1-9 所示。

图 1-9

1.2 网页编辑器和屏幕分辨率

网页实际上是一个 HTML 格式的文件，并通过网址来识别与存取，用户通过浏览器所看到的画面就是网页。网页是构成网站的基本元素，是承载各种网站应用的平台。另外，显示器分辨率决定着网页制作的尺寸，而了解和选择网页编辑器的重要性可以用"工欲善其事，必先利其器"来诠释。本节将详细介绍网页编辑器和屏幕分辨率的有关知识。

1.2.1 网页编辑器

网页编辑器是指编辑制作 HTML 的工具，可自定义窗口，编辑主题、索引，可选择添加搜索页等。

目前，市面上有多种网页编辑器，用户可以根据自身对网页制作的熟悉程度进行自由选择，应用较为广泛的网页编辑器有以下几种：Amaya、Adobe Dreamweaver、Microsoft Frontpage、Microsoft Expression Web、CoffeeCup HTML Editor、CKEditor。

1.2.2 屏幕分辨率

屏幕分辨率是确定计算机屏幕上显示多少信息的设置，以水平和垂直像素来衡量。屏幕分辨率低时，在屏幕上显示的像素少，但尺寸比较大。屏幕分辨率高时，在屏幕上显示的像素多，但尺寸比较小。

显示分辨率就是屏幕上显示的像素个数，分辨率 160×128 的意思是水平方向含有像素数为 160 个，垂直方向含有像素数为 128 个。屏幕尺寸相同的情况下，分辨率越高，显示效果就越精细和细腻。

像素间距(pixel pitch)的意义类似于 CRT 的点距(dot pitch)，一般是指显示屏相邻两个像素点之间的距离。一般看到的画面是由许多点形成的，而画质的细腻度就是由点距来决定的。点距的计算方式是以面板尺寸除以解析度所得的数值。以 LCD 为例，14 英寸液晶显示器的可视面积一般为 300mm×190mm，分辨率为 1280×800，从而计算出此 LCD 的点距是 300/1280=0.2344mm 或者 190/800=0.2375mm。点距越小，图像越细腻。

1.3　网站制作的基本流程

网站制作的基本流程包括前期策划、收集素材、规划网站、制作 HTML 页面、测试并上传网站、网站的更新与维护等。本节将详细介绍网站制作的基本流程。

1.3.1　前期策划

网站界面是人机之间的信息交互界面。交互是一个结合计算机科学、美学、心理学和人机工程学等多学科领域的行为，其目标是促进设计，执行和优化信息与通信系统，以满足用户的需要。如果想制作出合格的网页，最先要考虑的是网页的理念，也就是要决定网页的主题以及构成方式等内容。如果不经过策划直接进入制作阶段，可能会导致网页结构混乱、操作加倍等各种各样的问题；合理的策划，会大幅缩短制作网页的时间。

1.3.2　收集素材

前期策划准备工作完成后，网页制作者就可以围绕主题开始搜集材料了。要想让自己的网站有血有肉，能够吸引用户，就要尽量搜集材料，搜集的材料越多，以后制作网站就越容易。材料既可以从图书、报纸、光盘、多媒体上得来，也可以从互联网上搜集，然后把搜集的材料去粗取精，去伪存真，作为自己制作网页的素材。

1.3.3　规划网站

一个网站设计得成功与否，很大程度上取决于设计者的规划水平。规划网站就像设计师设计大楼一样，图纸设计好了，才能建成一座漂亮的楼房。网站规划包含的内容很多，如网站的结构、栏目的设置、网站的风格、颜色搭配、版面布局、文字图片的运用等，只有在制作网页之前把这些方面都考虑到了，才能在制作时驾轻就熟，胸有成竹。也只有如此，制作出来的网页才能有个性、有特色，具有吸引力。

1.3.4　制作 HTML 页面

网站规划做好后，下面就需要按照规划一步步地把自己的想法变成现实了。这是一个复杂而细致的过程，一定要按照先大后小、先简单后复杂的方法来进行制作。所谓先大后小，就是说在制作网页时，先把大的结构设计好，然后再逐步完善小的结构。所谓先简单后复杂，就是先设计出简单的内容，然后再设计复杂的内容，以便出现问题时好修改。在制作网页时，要多灵活地运用模板，这样可以大大提高制作效率。

1.3.5　测试并上传网站

网页制作完毕，最后要发布到 Web 服务器上，才能够让全世界的网友观看。现在上传的工具很多，有些网页制作工具本身就带有 FTP 功能，利用这些 FTP 工具，网页制作者可以方便地把网站发布到自己申请的主页存放服务器上。网站上传以后，制作者要在浏览器中打开自己的网站，逐页、逐链接地进行测试，发现问题，及时修改，然后再上传测试结果。

1.3.6　网站的更新与维护

网站要注意经常维护，更新内容，保持内容的新鲜，不要一成不变。只有不断地给网站补充新的内容，才能够吸引住浏览者。

1.4　网页设计中的色彩应用

色彩的运用在网页中的作用非常重要，有些网页看上去十分典雅、有品位，但是页面结构却很简单，图像也不复杂，这主要是色彩运用得当。只有掌握了配色要领，才能设计出令人心旷神怡的美丽页面。本节将详细介绍网页中色彩特性方面的知识。

1.4.1　网页色彩的特性

任何颜色都可以使用三原色——红、绿、蓝组合而成。三原色中只有红色是暖色，所以要判断作品颜色的冷暖，可以依据红色成分的多少而定。色调主要由明度与彩度组合而成，用来表示颜色的状态。

1. 暖色调

暖色调包含红紫、红、红橙、橙、黄橙，这类色彩给人很强烈的冲击感，有扩张及迫近视线的作用，令人产生温暖的感觉，如图 1-10 所示。

2. 冷色调

冷暖之间的关系是通过比较得到的，明度和彩度较弱的色相，如青、青绿、蓝、蓝紫

等以青色为中心的颜色以及接近的颜色，会给人带来收缩、疏远和寒冷的印象。冷色会使人联想到蓝天、绿水等景物，产生深邃、严肃的感觉，如图 1-11 所示。

图 1-10

图 1-11

3. 中性色调

紫、黄、绿等色彩没有在暖色调与冷色调中出现，这是因为这些颜色既不属于冷色，也不属于暖色，由于其所包含的冷暖比例不定而称为中性色，如图 1-12 所示。

图 1-12

1.4.2 网页安全色

不同颜色会使人感受到不同的效果。网页安全色是在不同的硬件环境、不同的操作系统、不同的浏览器中都能够正常显示的颜色集合(调色板)，也就是说，这些颜色在任何终端浏览，显示设备上的显示效果都是相同的。

网络安全色是当红色(Red)、绿色(Green)、蓝色(Blue)颜色数字信号值(DAC Count)分别为 0、51、102、153、204、255 时构成的颜色组合，共有 6×6×6=216 种颜色(其中彩色有 210种，非彩色有 6 种)，如图 1-13 所示。

ffff00	ffff33	ffff66	ffff99	ffffcc	ffffff
ffcc00	ffcc33	ffcc66	ffcc99	ffcccc	ffccff
ff9900	ff9933	ff9966	ff9999	ff99cc	ff99ff
ff6600	ff6633	ff6666	ff6699	ff66cc	ff66ff
ff3300	ff3333	ff3366	ff3399	ff33cc	ff33ff
ff0000	ff0033	ff0066	ff0099	ff00cc	ff00ff
ccff00	ccff33	ccff66	ccff99	ccffcc	ccffff
cccc00	cccc33	cccc66	cccc99	cccccc	ccccff
cc9900	cc9933	cc9966	cc9999	cc99cc	cc99ff
cc6600	cc6633	cc6666	cc6699	cc66cc	cc66ff
cc3300	cc3333	cc3366	cc3399	cc33cc	cc33ff
cc0000	cc0033	cc0066	cc0099	cc00cc	cc00ff
99ff00	99ff33	99ff66	99ff99	99ffcc	99ffff
99cc00	99cc33	99cc66	99cc99	99cccc	99ccff
999900	999933	999966	999999	9999cc	9999ff
996600	996633	996666	996699	9966cc	9966ff
993300	993333	993366	993399	9933cc	9933ff
990000	990033	990066	990099	9900cc	9900ff
66ff00	66ff33	66ff66	66ff99	66ffcc	66ffff
66cc00	66cc33	66cc66	66cc99	66cccc	66ccff
669900	669933	669966	669999	6699cc	6699ff
666600	666633	666666	666699	6666cc	6666ff
663300	663333	663366	663399	6633cc	6633ff
660000	660033	660066	660099	6600cc	6600ff
33ff00	33ff33	33ff66	33ff99	33ffcc	33ffff
33cc00	33cc33	33cc66	33cc99	33cccc	33ccff
339900	339933	339966	339999	3399cc	3399ff
336600	336633	336666	336699	3366cc	3366ff
333300	333333	333366	333399	3333cc	3333ff
330000	330033	330066	330099	3300cc	3300ff
00ff00	00ff33	00ff66	00ff99	00ffcc	00ffff
00cc00	00cc33	00cc66	00cc99	00cccc	00ccff
009900	009933	009966	009999	0099cc	0099ff
006600	006633	006666	006699	0066cc	0066ff
003300	003333	003366	003399	0033cc	0033ff
000000	000033	000066	000099	0000cc	0000ff

图 1-13

1.4.3 色彩模式

在进行图形图像处理时，色彩模式以建立好的描述和重现色彩的模型为基础。每一种模式都有自己的特点和适用范围，可以根据需要在不同的色彩模式之间转换。下面详细介绍常见的几种色彩模式。

1. RGB 色彩模式

自然界中绝大部分的可见光谱可以用红、绿和蓝三色光按不同比例与强度的混合来表示。RGB 分别代表着 3 种颜色：R 代表红色，G 代表绿色，B 代表蓝色。RGB 模式也称加色模型，通常用于光照、视频和屏幕图像编辑。RGB 色彩模式使用 RGB 模型为图像中每个像素的 RGB 分量分配一个 0～255 范围内的强度值，如图 1-14 所示。

2. CMYK 色彩模式

CMYK 色彩模式以打印油墨在纸张上的光线吸收特性为基础，图像中的每个像素都是由靛青(C)、品红(M)、黄(Y)和黑(K)色按照不同的比例合成的。由于 C、M、Y、K 四种成分的增多，反射到人眼的光会越来越少，光纤的亮度会越来越低，所以 CMYK 模式产生颜色的方法又称色光减色法，如图 1-15 所示。

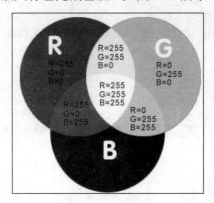

图 1-14

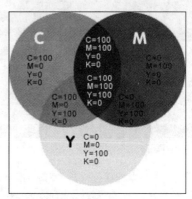

图 1-15

3. 位图色彩模式

位图模式的图像由黑色与白色两种像素组成，每一个像素用"位"来表示。"位"只有两种状态：0 表示有点，1 表示无点。位图模式主要用于早期不能识别颜色和灰度的设备，通常用文字识别。

4. 灰度色彩模式

灰度模式最多使用 256 级灰度来表现图像，图像中的每个像素有一个 0(黑色)～255(白色)之间的亮度值。灰度值也可以用黑色油墨覆盖的百分比来表示(0%表示白色，100%表示黑色)。

5. 索引色彩模式

索引色彩(Indexed Color)模式是网上和动画中常用的图像模式，彩色图像转换为索引色彩模式的图像后包含 256 种颜色。这种模式主要在使用网页安全色和制作透明的 GIF 图片时使用。在 Photoshop 中，必须使用索引色彩模式，才能制造出透明的 GIF 图片。

1.4.4 网页配色的基本原则

在网页配色中，对颜色的理解程度，会影响到设计页面的表现。熟练地运用色彩搭配，在网页制作时可达到事半功倍的效果。优秀的设计作品，其色彩搭配必定和谐得体，令人赏心悦目。下面详细介绍网页配色的基本原则。

1. 相近色的应用

相近色是网页设计中常用的色彩搭配，它的特点是画面统一和谐。下面主要讲解暖色调与冷色调中相近色的操作方法。

暖色主要由红色调组成，如红色、橙色和黄色。暖色调可给人温暖、舒适和诱惑力的感觉，因此在网页设计中可以突出视觉效果。

在网页中应用相近色时，要注意色块的大小和位置。例如，设置三种暖色调(R:120、G:40、B:15，R:160、G:90、B:40 和 R:180、G:130、B:90)，如图 1-16～图 1-18 所示。

图 1-16　　　　　图 1-17　　　　　图 1-18

不同的亮度会对人的视觉产生不同的影响，颜色重会显得面积小，颜色浅会显得面积大。将同样面积和形状的三种颜色摆放在画面中，会使画面显得单调、乏味，这种过于平均化的摆放在网页设计中是不可取的，如图 1-19 所示。

图 1-19

设定颜色最重的褐色为主要色，因此面积最大，中间色较少，浅色面积最小，画面马上就显得丰富了，如图 1-20 所示。

图 1-20

2.　对比色的应用

对比色在网页中的应用是很普遍的，其特点是使画面生动、有活力，视觉效果更加强烈。

人们通过生活中的经验积累，对色彩有一种心理上的冷暖感觉，一般把橘红色定为暖色极，天蓝色定为冷色极。凡与暖色极相近的色和色组为暖色，如橙色、黄色、红色等；而与冷色极相近的色和色组为冷色，如蓝绿、蓝、蓝紫等。黑色偏暖，白色偏冷，灰、绿、紫为中性色。

在网页中应用对比色时，注意首先要定下整个画面的基本色调，即是以暖色调为主还是以冷色调为主。

例如，在颜色块中，设定两种对比色(R:255、G:207、B:0 和 R:0、G:96、B:208)，如图 1-21 和图 1-22 所示。

图 1-21　　　　　　图 1-22

在色彩上这两种颜色的衔接有些生硬，所以需要利用灰色进行中和，使整个画面和谐统一。在网页的中间画一条曲线，这就定下了整个画面构图的版式，所有网页元素的布局必须围绕该版式来排列，注意要考虑好标题的位置、大小、颜色，以及内文的大小和灰度等。

1.4.5　网页配色中的文本颜色

网页设计的初学者可能习惯使用漂亮的图片作为网页的背景，但是当人们浏览一些著名、专业的大型商业网站时，会发现其运用最多的是白色、蓝色、黄色等单色。因为使用单色能实现浏览页典雅、大方和温馨的视觉效果，最重要的是极大地加快浏览者开启网页的速度。

一般而言，网页的背景色应该柔和、素雅，配上深色的文字之后，看起来自然、舒适。但如果为了追求醒目的视觉效果，也可以为标题使用较深的背景颜色。下面介绍一些颜色搭配，这些颜色既可作为文字底色，也可以作为标题底色，适度配合不同字体，相信会有不错的效果，希望对用户的网页制作有所帮助。

1. 背景色：#f1fafa

适合做正文的背景色，比较淡雅，配以同色系的蓝色、深灰色或黑色文字较好，如图 1-23 所示。

2. 背景色：#e8ffe8

适合做标题的背景色，搭配同色系的深绿色标题或黑色文字，如图 1-24 所示。

3. 背景色：#e8e8ff

适合做正文的背景色，文字颜色配黑色比较和谐、醒目，如图 1-25 所示。

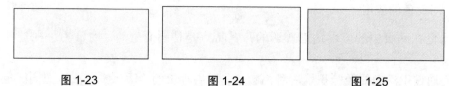

图 1-23　　　　　　　图 1-24　　　　　　　图 1-25

4. 背景色：#8080c0

搭配黄色或白色文字较好，如图 1-26 所示。

5. 背景色：#e8d098

搭配浅蓝色或蓝色文字较好，如图 1-27 所示。

6. 背景色：#efefda

搭配浅蓝色或红色文字较好，如图 1-28 所示。

图 1-26　　　　　　　　图 1-27　　　　　　　　图 1-28

7. 背景色：#f2f1d7

搭配浅蓝色或红色文字较好，如图 1-29 所示。

8. 背景色：#336699

搭配白色文字比较合适，对比强烈，如图 1-30 所示。

9. 背景色：#6699cc

适合搭配白色文字，可以作为标题，如图 1-31 所示。

图 1-29　　　　　　　　图 1-30　　　　　　　　图 1-31

10. 背景色：#66cccc

适合搭配白色文字，可以作为标题，如图 1-32 所示。

11. 背景色：#b45b3e

适合搭配白色文字，可以作为标题，如图 1-33 所示。

12. 背景色：#479ac7

适合搭配白色文字，可以作为标题，如图 1-34 所示。

图 1-32　　　　　　　　图 1-33　　　　　　　　图 1-34

13. 背景色：#00b271

搭配白色文字显得比较干净，可以作为标题，如图 1-35 所示。

14. 背景色：#fbfbea

搭配黑色文字比较好看，一般作为正文，如图 1-36 所示。

15. 背景色：#d5f3f4

搭配黑色或蓝色文字比较好看，一般作为正文，如图 1-37 所示。

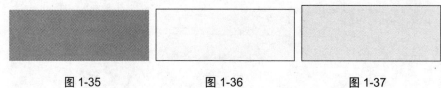

| 图 1-35 | 图 1-36 | 图 1-37 |

1.5 网页制作常用软件

网页制作常用软件包括 Flash、Dreamweaver、Photoshop 和 Fireworks。网页制作经常用到的语言类型包括网页标记语言、网页脚本语言以及动态网页编程语言等。本节将详细介绍网页制作的常用软件和常用语言的相关知识。

1.5.1 网页编辑排版软件 Dreamweaver CC

Dreamweaver CC 是 Adobe 公司推出的一款最新版本网页设计专业软件，其强大功能和易操作性使其成为同类开发软件中的佼佼者。Dreamweaver 是集创建网站和管理网站于一身的专业性网页编辑工具，其特点是界面更为友好、人性化和易于操作，可快速生成跨平台及跨浏览器的网页和网站；并且能进行可视化的操作，拥有强大的管理功能，受到广大网页设计师的青睐，一经推出就好评如潮。Dreamweaver CC 不仅是专业人士制作网页的首选，而且已在广大网页制作爱好者中普及。

1.5.2 图像制作软件 Photoshop CC 和 Fireworks CC

Photoshop 是 Adobe 公司推出的图像处理软件，目前已被广泛应用于平面设计、网页设计和照片处理等领域。随着计算机技术的发展，Photoshop 已经历数次版本更新，功能越来越强大。Photoshop CC 是 Adobe 公司推出的最新版本。

Fireworks 能快速地创建网页图像。随着版本的不断升级、功能的不断增加，Fireworks 受到越来越多网页图像设计者的欢迎。Fireworks CC 中文版更是以其方便快捷的操作模式，在位图编辑、矢量图形处理与 GIF 动画制作功能上的优秀整合，赢得诸多好评。在网页图像设计中，使用 Fireworks CC 除了对相应的页面插入图像进行调整处理外，还可以使用图像进行页面的总体布局，然后利用切片导出。也可以使用 Fireworks CC 创建图像按钮，以便达到更加精彩的效果。

1.5.3 网页动画制作软件 Flash CC

动画可以吸引用户的注意力，网页中的动画大多是运用 Flash 软件制作出来的。Flash 是 Adobe 公司推出的一款功能强大的动画制作软件，是动画设计中应用较广泛的一款软件，它将动画的设计与处理推向了一个更高、更灵活的艺术水准。

Flash 是一款功能非常强大的交互式矢量多媒体网页制作工具，能够轻松输出各种各样

的动画网页。它不需要特别繁杂的操作，也比 Java 小巧精悍，而且动画效果、多媒体效果十分出色。

1.5.4　网页标记语言 HTML

HTML 的英文全称是 Hyper Text Markup Language，是全球广域网上描述网页内容和外观的标准。HTML 不是一种编程语言，而是一种描述性的标记语言，用于描述超文本中内容的显示方式，如文字以什么颜色、大小来显示等，这些都是利用 HTML 标记完成的。其最基本的语法就是 "<标记符>内容</标记符>"。标记符通常都是成对使用，有一个开头标记和一个结束标记。结束标记只是在开头标记的前面加一个斜杠 "/"。当浏览器接收到 HTML 文件后，就会解释里面的标记符，然后把标记符相应的功能表达出来。

1.5.5　网页脚本语言 JavaScript

使用 HTML 只能制作出静态的网页，无法独立地完成与客户端动态交互的网页任务，虽然也有其他的语言如 CGI、ASP 和 Java 等编程软件能制作出交互的网页，但其编程方法较为复杂。因此 Netscape 公司开发了 JavaScript 语言。JavaScript 引进了 Java 语言的概念，是内嵌于 HTML 中的脚本语言。Java 和 JavaScript 语言虽然在语法上很相似，但仍然是两种不同的语言。

1.5.6　动态网页编程语言 ASP

ASP 是 Active Server Page 的缩写。ASP 是微软公司开发的代替 CGI 脚本程序的一种应用，可以与数据库和其他程序进行交互，是一种简单、方便的编程工具。ASP 文件的扩展名是.asp，可以用来创建和运行动态网页或 Web 应用程序。ASP 网页可以包含 HTML 标记、普通文本、脚本命令以及 COM 组件等。

1.6　思考与练习

一、填空题

1. _____是构成网站的基本元素，也是网站信息发布的一种最常见的表现形式，它主要由文字、_____、动画、_____、视频等信息组成。

2. Logo 是代表企业形象或栏目内容的标志性图片，一般位于网页的_____，通常有 3 种尺寸：_____像素、_____像素和_____像素。

3. 在网页中可以通过_____、大小、_____、底纹、_____等来设计文本的属性，通过不同格式的区别，突出显示重要的内容。

4. Banner 一般位于网页的顶部或_____,有一些小型的广告还会被适当地放在网页的两侧。网站 Banner 广告有多种规格和形式，其中最常用的尺寸是_____像素或 233×30 像素，这种标志广告有多种不同的称呼，如_____、全幅广告、条幅广告和_____等。

二、判断题

1. 超级文本与普通文本不同，它是一种用户与计算机之间进行交流的文本显示技术，通过对关键词或图片的索引链接，可以使这些带有链接的词语或图片指向相关的文件或者文本中的相关段落。　　　　　　　　　　　　　　　　　　　　　　　　　（　　）

2. IP 地址是分配给网络上计算机的一组由 64 位二进制数值组成的编号，来对网络中计算机进行标识。为了方便记忆地址，采用了十进制标记法，每个数值小于等于 225，数值中间用 "." 隔开。　　　　　　　　　　　　　　　　　　　　　　（　　）

3. 在网站设计中，纯粹 HTML 格式的网页通常被称为静态网页，早期的网站一般都是由静态网页组成的，一般以.htm、.html、.shtml、.xml 等为后缀。　　　　（　　）

4. 动态网页是指网页文件里包含了程序代码，通过后台数据库与 Web 服务器的信息交互，由后台数据库提供实时数据更新和数据查询服务的网页。　　　　　　（　　）

三、思考题

1. 制作网页的基本流程有哪些？
2. 网页的基本要素有哪些？

新起点
电脑教程

第 2 章

Dreamweaver CC 轻松入门

本章要点

- Dreamweaver CC 工作界面
- Dreamweaver CC 工作流程
- 使用可视化助理布局

本章主要内容

　　本章主要介绍 Dreamweaver CC 工作界面、Dreamweaver CC 工作流程、使用可视化助理布局方面的知识与技巧，在本章的最后还针对实际工作需求，讲解了使用辅助线、使用跟踪图像功能、设置缩放比率、设置窗口大小的方法。通过本章的学习，读者可以掌握 Dreamweaver CC 入门方面的知识，为深入学习 Dreamweaver CC 奠定基础。

2.1 Dreamweaver CC 工作界面

Dreamweaver CC 包含了一个崭新、高效的页面，性能也得到了改进。此外，还包含了众多新增功能，改善了软件的操作性，用户无论使用【设计】视图还是【代码】视图，都可以方便地创建网页。本节主要讲述 Dreamweaver CC 的工作环境。

2.1.1 界面布局

启动 Dreamweaver CC，进入 Dreamweaver CC 工作界面，其中包括菜单栏、工具栏、【插入】面板、编辑窗口、【属性】面板和浮动面板组 6 个部分，如图 2-1 所示。

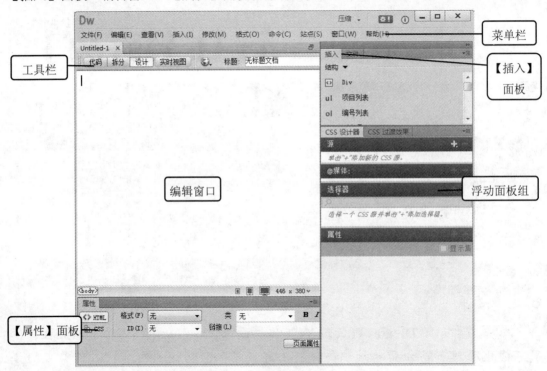

图 2-1

2.1.2 工具栏、窗口和面板

Dreamweaver CC 工作界面中的工具栏、窗口和面板分别有着各自的功能和作用，本节将详细介绍。

1. 工具栏

工具栏中包含了各种工具按钮，单击工作界面左侧的【代码】、【拆分】、【设计】按钮，可以在文档的不同视图间快速切换，包括【代码】视图、【设计】视图，以及同时

显示【代码】视图和【设计】视图的【拆分】视图。工具栏还包含一些与查看文档、在本
地和远程站点间传输文档有关的常用命令和选项，如图 2-2 所示。

图 2-2

> 【代码】按钮：单击此按钮，可以在窗口中显示【代码】视图。
> 【拆分】按钮：在窗口的一部分显示【代码】视图，而在另一部分显示【设计】
  视图。
> 【设计】按钮：单击此按钮，可以在窗口中显示【设计】视图。
> 【实时视图】按钮：显示不可编辑的、交互式的、基于浏览器的文档视图。
> 【在浏览器中预览/调试】按钮：单击此按钮，可以在浏览器中预览或调试文档。
  从下拉菜单中可以选择一个浏览器。
> 【标题】文本框：可以为文档输入一个标题，将显示在浏览器的标题栏中。如果
  文档已经有了一个标题，则该标题将显示在该文本框中。
> 【文件管理】按钮：当有多人对一个页面进行操作时，可以分别进行获取、取
  出、打开文件、导出和设计附注等操作。

2. 窗口

在编辑窗口中，网页制作者可以实时查看网页制作的效果，从而进一步地完善修改工
作，如图 2-3 所示。

图 2-3

3. 面板

Dreamweaver CC 有很多面板，选择【窗口】菜单，在弹出的子菜单中可以根据需要将
各个面板调出，如图 2-4 所示。

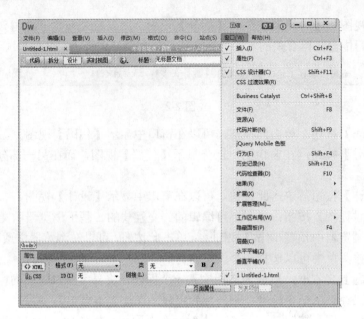

图 2-4

Dreamweaver CC 界面默认打开的面板有【插入】面板、【文件】面板以及【属性】面板(也称属性检查器)。

2.1.3 【插入】面板

在【插入】面板中包括【常用】、【结构】、【媒体】、【表单】、jQuery Mobile、jQuery UI、【模板】、【收藏夹】8 个选项，每个选项又包含多个子选项，用户可以根据需要在网页中插入适合网页的内容，如图 2-5 所示。

图 2-5

下面以【常用】选项为例，介绍如何创建和插入最常用的对象，如图 2-6 和图 2-7 所示。

➢ Div：单击该按钮，可以使用 Div 标签创建 CSS 布局块，并进行相应的定位。

➢ 【图像】：单击该按钮，可以在文档中插入图像。

➢ 【表格】：单击该按钮，可以在网页中插入表格。

> ➢ 【脚本】：包含几个与脚本有关联的按钮。
> ➢ 【电子邮件链接】：在【文本】文本框中输入 E-mail 地址或其他文字信息，然后在 E-mail 文本框中输入准确的邮件地址，就可以自动插入邮件地址发送链接。
> ➢ 【水平线】：单击该按钮，可以在网页中插入水平线。
> ➢ 【日期】：单击该按钮，可以插入当前的时间和日期。

图 2-6

图 2-7

2.1.4　属性检查器

Dreamweaver CC 的属性检查器，主要用于查看和更改所选择对象的各种属性。其中包含两个选项，即 HTML 选项和 CSS 选项，HTML 选项为默认格式；单击不同的选项可以设置不同的属性，如图 2-8 所示。

图 2-8

使用属性检查器，可以检查和编辑当前页面选定元素的最常用属性，如文本和插入的对象。属性检查器的内容根据选定元素的不同会有所不同。例如，如果选择了页面上的图像，则属性检查器就会显示该图像的属性，如图像的文件路径、图像的宽度和高度、图像周围的边框等。

默认情况下，属性检查器位于工作区的底部边缘，但是可以将其取消停靠并使其成为工作区中的浮动面板。单击属性检查器右上角的下拉按钮 ，在弹出的下拉菜单中选择【关闭】菜单项，即可关闭属性检查器，如图 2-9 所示。

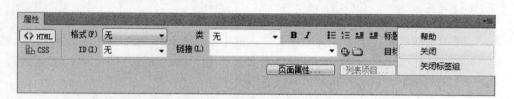

图 2-9

2.1.5 管理面板和面板组

如果在 Dreamweaver CC 工作界面中打开太多面板，会使工作界面显得混乱，不利于操作。这时可以单击面板右上角的 ◄◄ 按钮将其折叠，如图 2-10 所示。面板缩小后，即可将其排列到一起形成浮动面板组，如图 2-11 所示。

图 2-10

图 2-11

这些浮动面板被集合到面板组中，每个面板都可以展开或折叠，并且可以和其他面板停靠在一起或取消停靠。面板组还可以停靠到集成的应用程序窗口中，这样就能够很容易地访问所需的面板，而不会导致工作区变得混乱。

2.2 Dreamweaver 工作流程

Dreamweaver 的工作流程一般包括创建与管理站点、在网页中创建文本、使用图像与多媒体丰富网页内容、在网页中添加超级链接、使用表格布局页面、应用 CSS 样式美化网页、应用 CSS+Div 布局网页、使用框架布局网页、利用模板和库创建网页、使用 JavaScript 行为创建动态效果、站点的发布与推广等步骤。

2.3 使用可视化助理布局

可视化助理布局包括使用标尺和设置网格，可以更加准确地制作出精美的网页。本节将详细介绍使用可视化助理布局方面的知识。

2.3.1　使用标尺

在制作网页时，为了更加精确地把握插入页面的各元素的位置，可以使用标尺功能。下面详细介绍使用标尺的操作方法。

第 1 步　启动 Dreamweaver CC 程序，*1.* 在菜单栏中选择【查看】菜单，*2.* 在弹出的菜单中选择【标尺】菜单项，*3.* 在弹出的子菜单中选择【显示】菜单项，如图 2-12 所示。

第 2 步　通过以上步骤即可完成显示标尺的操作，如图 2-13 所示。

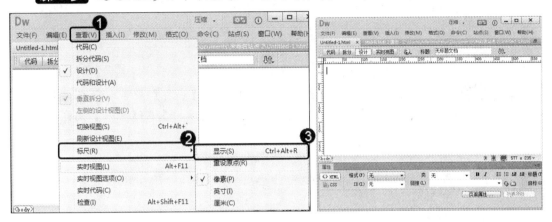

图 2-12　　　　　　　　　　　　　　　　　　图 2-13

第 3 步　在标尺的左上角单击，然后拖至视图中的适当位置，释放鼠标，即可完成设置标尺新原点的操作，如图 2-14 所示。

图 2-14

第 4 步　如果要恢复标尺的初始位置，可以在窗口左上角标尺交点处双击，或者在菜单栏中 *1.* 选择【查看】菜单，*2.* 在弹出的菜单中选择【标尺】菜单项，*3.* 在弹出的子菜单中选择【重设原点】菜单项，如图 2-15 所示。

第 5 步　通过以上步骤即可完成恢复标尺初始位置的操作，如图 2-16 所示。

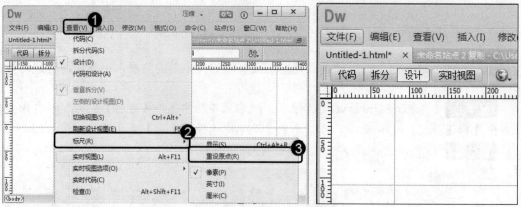

图 2-15   图 2-16

第6步 如果要更改度量单位，*1.* 在菜单栏中选择【查看】菜单，*2.* 在弹出的菜单中选择【标尺】菜单项，*3.* 在子菜单中选择【像素】、【英寸】或【厘米】菜单项，如图 2-17 所示。

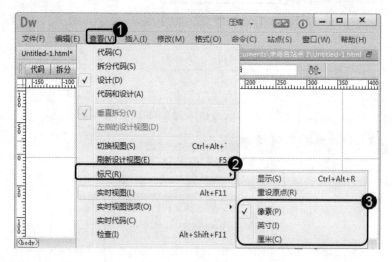

图 2-17

2.3.2　设置网格

利用网格命令，可以在【设计】视图中对层进行绘制、定位或调整大小，还可以对齐页面中的元素。下面详细介绍设置网格的操作方法。

第1步 启动 Dreamweaver CC 程序，*1.* 在菜单栏中选择【查看】菜单，*2.* 在弹出的菜单中选择【网格设置】菜单项，*3.* 在弹出的子菜单中选择【显示网格】菜单项，如图 2-18 所示。

第2步 通过以上步骤即可完成显示网格的操作，如图 2-19 所示。

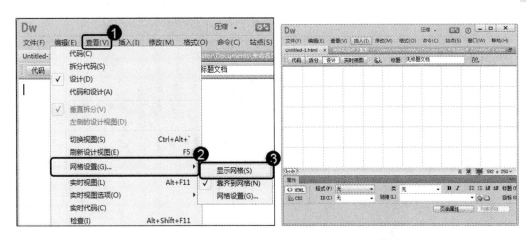

图 2-18　　　　　　　　　　　　　　　　　图 2-19

第 3 步　如果要设置网格,如网格的颜色、间隔和显示方式等,*1.* 在菜单栏中选择【查看】菜单,*2.* 在弹出的菜单中选择【网格设置】菜单项,*3.* 在弹出的子菜单中选择【网格设置】菜单项,如图 2-20 所示。

第 4 步　弹出【网格设置】对话框,*1.* 在【颜色】区域设置颜色,*2.* 勾选【显示网格】和【靠齐到网格】复选框,*3.* 在【显示】区域选中【线】单选按钮,*4.* 单击【确定】按钮,如图 2-21 所示。

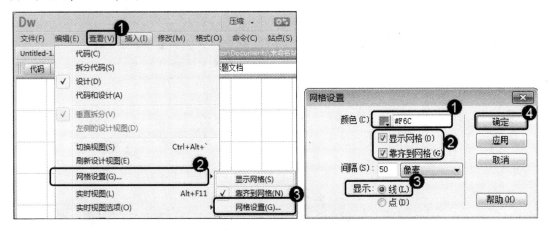

图 2-20　　　　　　　　　　　　　　　　　图 2-21

第 5 步　通过以上步骤即可完成设置网格的操作,如图 2-22 所示。

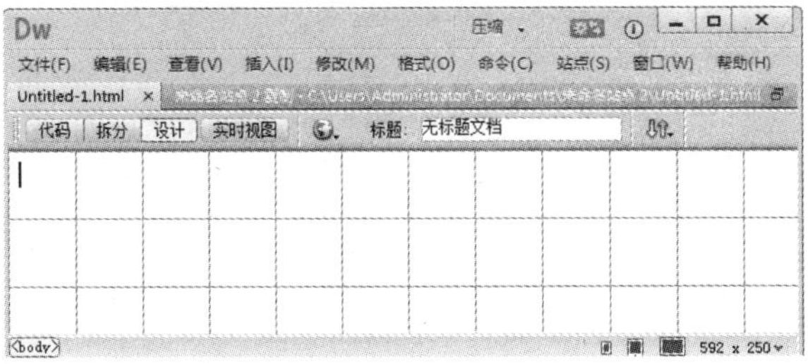

图 2-22

【网格设置】对话框中各参数的具体作用如下。

- ➢ 【颜色】：可以在该文本框中输入网格线的颜色，或者单击【颜色框】按钮，打开调色板选择网格线的颜色。
- ➢ 【显示网格】：选中该复选框，可以显示网格线。
- ➢ 【靠齐到网格】：选中该复选框，可以在移动对象时自动捕捉网格。
- ➢ 【间隔】：可以在文本框中输入网格之间的间距，在右边的下拉列表框中选择网格单位，从中可以选择【像素】、【英寸】和【厘米】等选项。
- ➢ 【显示】：选中【线】单选按钮，网格线以直线方式显示；选中【点】单选按钮，网格线以点线方式显示。

2.4　实践案例与上机指导

通过本章的学习，用户基本可以了解 Dreamweaver CC 工作界面以及一些常见的操作方法。下面通过练习操作，达到巩固学习、拓展提高的目的。

2.4.1　使用辅助线

在 Dreamweaver CC 中，辅助线可以在创建网页时用于辅助的定位。下面详细介绍使用辅助线的操作方法。

第 1 步 启动 Dreamweaver CC 程序，*1.* 在菜单栏中选择【查看】菜单，*2.* 在弹出的下拉菜单中选择【辅助线】菜单项，*3.* 在弹出的子菜单中选择【显示辅助线】菜单项，如图 2-23 所示。

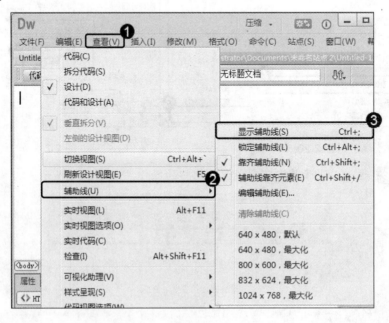

图 2-23

第2步　**1.** 在菜单栏中选择【查看】菜单，**2.** 在弹出的菜单中选择【标尺】菜单项，**3.** 在弹出的子菜单中选择【显示】菜单项，如图 2-24 所示。

第3步　在左侧的标尺上单击并拖动，或在上侧的标尺上单击并拖动，即可拖曳出辅助线，如图 2-25 所示。

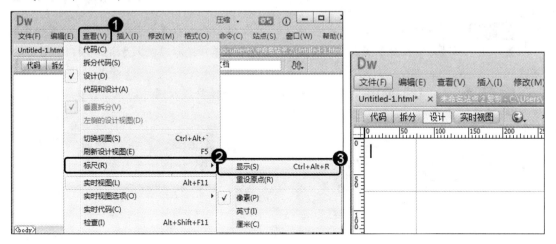

图 2-24　　　　　　　　　　　　　　　　图 2-25

在 Dreamweaver CC 中，还可以对辅助线的属性进行设置。只需在菜单栏中选择【查看】菜单，在弹出的下拉菜单中选择【辅助线】菜单项，在子菜单中选择【编辑辅助线】菜单项，即可弹出【辅助线】对话框，从中可以对辅助线的属性进行设置，如图 2-26 所示。

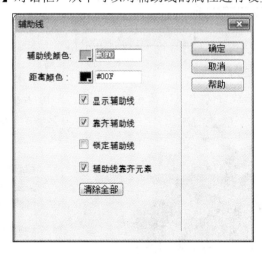

图 2-26

【辅助线】对话框中主要选项功能如下。

➢ 　【辅助线颜色】：可以设置辅助线颜色。
➢ 　【距离颜色】：指定鼠标保持在辅助线之间时作为距离指示器出现的线条的颜色。
➢ 　【显示辅助线】：选中该复选框，可以使辅助线在【设计】视图中可见。
➢ 　【靠齐辅助线】：使在窗口中移动的对象能够靠齐辅助线。

2.4.2 使用跟踪图像功能

用户在制作网页时，还可以使用图像跟踪功能。下面详细介绍使用图像跟踪功能的方法。

第1步 启动 Dreamweaver CC 程序，**1.** 在菜单栏中选择【查看】菜单，**2.** 在弹出的下拉菜单中选择【跟踪图像】菜单项，**3.** 在弹出的子菜单中选择【载入】菜单项，如图 2-27 所示。

第2步 弹出【选择图像源文件】对话框，**1.** 选择要载入图片的位置，**2.** 选中图片，**3.** 单击【确定】按钮，如图 2-28 所示。

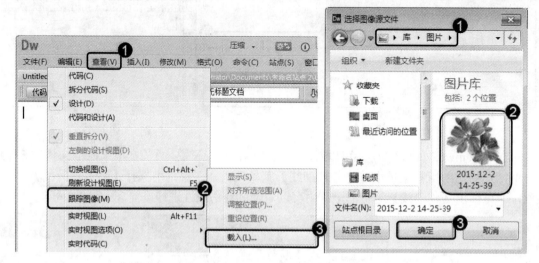

图 2-27   图 2-28

第3步 通过以上步骤即可完成图像跟踪的操作，如图 2-29 所示。

图 2-29

2.4.3 设置缩放比率

用户可以根据自身需要设置画面的缩放比率，下面详细介绍设置缩放比率的操作方法。

第1步　启动 Dreamweaver CC 程序，**1.** 在菜单栏中选择【查看】菜单，**2.** 在弹出的下拉菜单中选择【缩放比率】菜单项，**3.** 在弹出的子菜单中选择 25%菜单项，如图 2-30 所示。

第2步　图片比例发生变化，如图 2-31 所示。

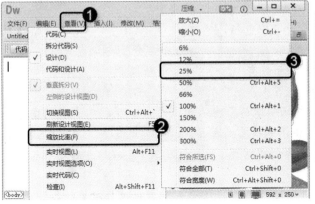

图 2-30　　　　　　　　　　　　　　　　　　图 2-31

2.4.4　设置窗口大小

用户可以根据自身需要设置窗口大小，下面详细介绍设置窗口大小的操作方法。

第1步　启动 Dreamweaver CC 程序，**1.** 在菜单栏中选择【查看】菜单，**2.** 在弹出的下拉菜单中选择【窗口大小】菜单项，**3.** 在弹出的子菜单中选择【320×480 智能手机】菜单项，如图 2-32 所示。

第2步　窗口大小发生变化，如图 2-33 所示。

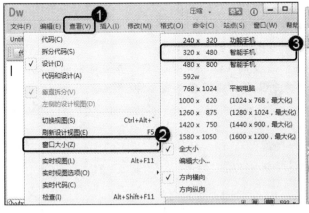

图 2-32　　　　　　　　　　　　　　　　　　图 2-33

2.5 思考与练习

一、填空题

1. 进入 Dreamweaver CC 工作界面，其中包括_____、_____、【插入】面板、_____、【属性】面板和_____6 个部分。

2. Dreamweaver CC 界面默认打开的面板有_____面板、_____面板以及_____面板(也称属性检查器)。

3. Dreamweaver 的工作流程一般包括创建与管理站点、_____、使用图像与多媒体丰富网页内容、_____、使用表格布局页面、_____、应用 CSS+Div 布局网页、_____、利用模板和库创建网页、_____、站点的发布与推广等步骤。

4. Dreamweaver CC 的_____，主要用于查看和更改所选择对象的各种属性。其中包含两个选项，即_____选项和_____选项。

5. 在【插入】面板中包括_____、【结构】、_____、【表单】、_____、jQuery UI、_____和【收藏夹】8 个选项。

二、判断题

1. 单击【在浏览器中预览/调试】按钮，从弹出的下拉菜单中选择一个浏览器，可以在浏览器中预览或调试文档。 ( )

2. 在网页中插入的电子邮件链接的方法是在【文本】文本框中输入 E-mail 地址或其他文字信息，然后在 E-mail 文本框中输入准确的邮件地址，就可以自动插入邮件地址发送链接。 ( )

3. 使用属性检查器，可以检查和编辑当前页面选定元素的最常用属性，如文本和插入的对象。属性检查器的内容根据选定元素的不同不会有变化。 ( )

4. 浮动面板被集成到面板组中，每个面板都可以展开或折叠，并且可以和其他面板停靠在一起或取消停靠。面板组还可以停靠到集成的应用程序窗口中。 ( )

三、思考题

1. 如何在 Dreamweaver CC 中使用辅助线？
2. 如何在 Dreamweaver CC 中使用跟踪图像功能？

第 **3** 章

创建与管理站点

本章要点

- 了解站点及站点结构
- 创建本地站点
- 管理站点
- 管理站点中的文件

本章主要内容

本章主要介绍站点及站点结构、创建本地站点、管理站点方面的知识，同时还讲解了如何管理站点中的文件。在本章的最后，还针对实际工作需求，讲解了使用【新建文档】对话框创建新文件的方法以及 Business Catalyst 站点、Edge Animate 资源等知识。通过本章的学习，读者可以掌握使用 Dreamweaver CC 创建与管理站点方面的知识，为深入学习 Dreamweaver CC 奠定基础。

3.1 站点及站点结构

在 Dreamweaver 中，用户可以创建本地站点。本地站点是在本地计算机中创建的站点，其所有的内容都保存在计算机硬盘上，本地计算机可以看作是网络中的站点服务器。本节将介绍站点的基本概念。

3.1.1 站点

互联网中包括无数的网站和客户端浏览器，网站宿主存在于网站服务器中，其通过存储和解析网页的内容，向各种客户端浏览器提供信息浏览服务。通过客户端浏览器打开网站中的某个网页时，网站服务软件会在完成对网页内容的解析工作后，将解析的结构回馈给网络中要求访问该网页的浏览器。

1. 网站服务器与本地计算机

一般情况下，网络上可以浏览的网页都存储在网站服务器中。网站服务器是指用于提供网络服务的计算机。对于 WWW 浏览服务，网站服务器主要用于存储用户浏览的 Web 站点和页面。

对于大多数网页浏览者来说，网站服务器只是一个逻辑名称，不需要了解服务器具体的性能、数量、配置和地址位置等信息。用户在浏览器的地址栏中输入网址后，即可轻松浏览网页，浏览网页的计算机就称为本地计算机，只有本地计算机才是真正的实体。本地计算机和网站服务器之间通过各种线路进行连接，以实现相互间的通信。

2. 本地站点和网络远程站点

网站由文档及其所在的文件夹组成。设计完善的网站都具备科学的体系结构，利用不同的文件夹，可以将不同的网页内容进行分类组织和保存。在互联网上浏览各种网站，其实就是用浏览器打开存储在网站服务器上的网页文档及其相关的资源。由于网站服务器的不可知特性，通常将存储于网站服务器上的网页文档及其相关资源称为远程站点。

3. Internet 服务程序

在某些特殊情况下(如站点中包含 Web 应用程序)，用户在本地计算机上是无法对站点进行完整测试的，这时需要借助 Internet 服务程序来完成测试。在本地计算机上安装 Internet 服务程序，实际上就是将本地计算机构建成一个真正的 Internet 服务器，用户可以从本地计算机上直接访问该服务器，这时计算机已经和网站服务器合二为一。

4. 网站文件的上传与下载

下载是资源从网站服务器传输到本地计算机的过程，而上传是将资源从本地计算机传输到 Internet 服务器的过程。用户在浏览网页的过程中，上传和下载是经常使用的操作。如浏览网页就是将 Internet 服务器上的网页下载到本地计算机上，然后进行浏览。用户在使用 E-mail 时输入用户名和密码，就是将用户信息上传到网站服务器。

3.1.2　站点结构

站点的链接结构，是指站点中各页面之间相互链接的拓扑结构，如图 3-1 所示。规划网站的链接结构的目的，是利用尽量少的链接达到网站的最佳浏览效果。

通常，网站的链接结构包括树状链接结构和星状链接结构。在规划站点链接时，应混合应用这两种链接结构设计站点内各页面的链接，尽量使网站的浏览者既可以方便快捷地打开自己需要访问的网页，又能清晰地知道当前页面处于网站内的确切位置。

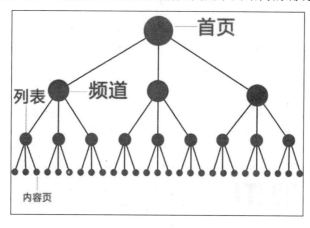

图 3-1

3.2　创建本地站点

在网络中创建站点之前，一般需要在本地计算机上将完整站点创建完成，然后再将站点上传到网站 Web 服务器上。在 Dreamweaver 软件中创建站点，既可以使用软件提供的向导，也可以使用【高级设置】选项创建。本节将详细介绍创建站点的操作方法。

3.2.1　使用向导搭建站点

在使用 Dreamweaver CC 制作网页之前，最好先定义一个新站点，这是为了更好地利用站点对文件进行管理，也可以尽可能地减少错误，如路径出错、链接出错等。下面详细介绍使用【管理站点】向导创建站点的操作方法。

第 1 步　启动 Dreamweaver CC 程序，*1.* 在菜单栏选择【站点】菜单，*2.* 在弹出的下拉菜单中选择【管理站点】菜单项，如图 3-2 所示。

第 2 步　弹出【管理站点】对话框，单击【新建站点】按钮，如图 3-3 所示。

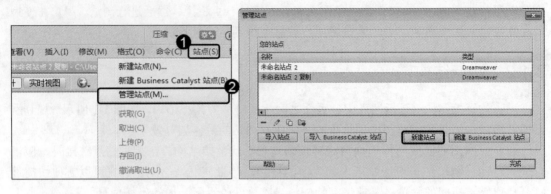

图 3-2   图 3-3

第 3 步 弹出【站点设置对象】对话框，*1.* 在对话框左侧选择【站点】选项，*2.* 在右侧的【站点名称】文本框中输入准备使用的名称，*3.* 单击【浏览文件夹】按钮，选择准备使用的站点文件夹，*4.* 单击【保存】按钮，如图 3-4 所示。

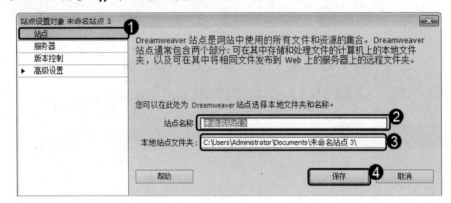

图 3-4

第 4 步 在【管理站点】对话框中显示刚刚新建的站点，单击【完成】按钮即可完成使用向导创建站点的操作，如图 3-5 所示。

图 3-5

3.2.2　使用【高级设置】选项面板创建站点

选择【高级设置】选项面板，可以不使用向导而直接创建站点信息，这种方式还可以让网页设计师在创建站点过程中发挥更强的主动性。

单击【管理站点】对话框中的【新建站点】按钮，弹出【站点设置对象】对话框。

1．本地信息

在左侧选择【高级设置】选项，由于是创建本地站点，所以再选择【本地信息】选项，如图 3-6 所示。

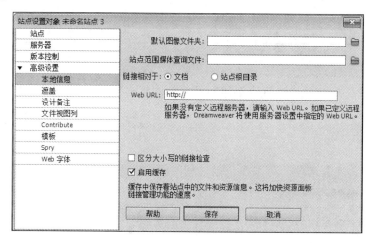

图 3-6

在【本地信息】中可以设置如下参数。

➢ 【默认图像文件夹】：单击该文本框后面的【浏览文件夹】按钮，可以设置本地站点图像的存储路径。

➢ 【链接相对于】：选中单选按钮，即可更改所创建的到站点其他页面链接的相对路径。

➢ Web URL：Dreamweaver 使用 Web URL 创建站点根目录相对链接。

➢ 【区分大小写的链接检查】复选框：在 Dreamweaver 检查链接时，用于确保链接的大小写与文件名的大小写匹配。

➢ 【启用缓存】：指定是否创建本地缓存以提高链接和站点管理任务的速度。

2．遮盖

单击【遮盖】选项，选中【启用遮盖】复选框，可以在进行站点操作时排除被遮盖的文件。如果不希望上传多媒体文件，可以将多媒体文件覆盖，这样就可以停止上传，如图 3-7 所示。

在【遮盖】中可以设置如下参数。

➢ 【启用遮盖】：可以激活 Dreamweaver 中的文件覆盖功能，默认为选中状态。

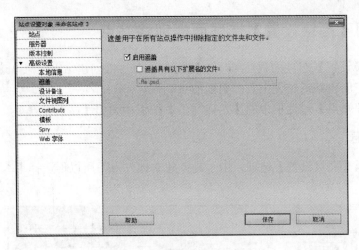

图 3-7

> 【遮盖具有以下扩展名的文件】：选中该复选框，可以对特定的文件使用遮盖。
> 输入的文件类型不一定是文件扩展名，可以是任何形式的文件名结尾。

3. 设计备注

单击【设计备注】选项，可以在记录过程时添加信息，供以后使用，如图 3-8 所示。

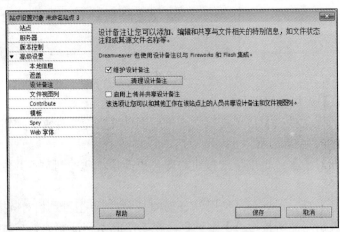

图 3-8

在【设计备注】中可以设置如下参数。

> 【维护设计备注】：选中该复选框，可以启用保存设计备注的功能。
> 【清理设计备注】：单击该按钮，可以删除过去保存的设计备注。
> 【启用上传并共享设计备注】：选中该复选框，可以在上传或取出文件的时候，
> 将设计备注上传到远端服务器上。

4. 文件视图列

单击【文件视图列】选项，可以设置站点管理器中文件浏览窗口显示的内容，如图 3-9
所示。

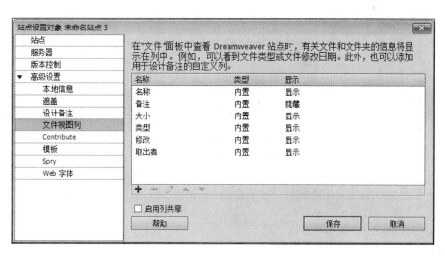

图 3-9

在【文件视图列】中可以设置如下参数。

➢ 【名称】：显示文件的名称。

➢ 【备注】：显示备注信息。

➢ 【大小】：显示文件的大小状况。

➢ 【类型】：显示文件的类型。

➢ 【修改】：显示修改的内容。

➢ 【取出者】：显示毁损的使用者名称。

5. Contribute

在【高级设置】下单击 Contribute 选项，可以提高与 Contribute 用户的兼容性，如图 3-10 所示。

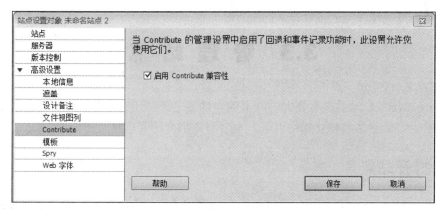

图 3-10

6. 模板

在【高级设置】下单击【模板】选项，可以在更新站点中的模板时，不改变写入文档的相对路径，如图 3-11 所示。

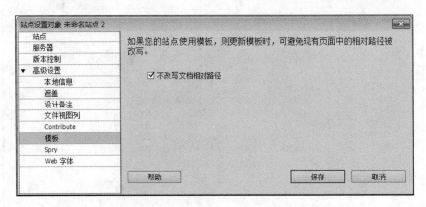

图 3-11

7. Spry

在【高级设置】下单击 Spry 选项，可以设置 Spry 资源文件夹的位置，如图 3-12 所示。

图 3-12

3.3 管 理 站 点

Dreamweaver CC 除了具有强大的网页编辑功能之外，还有管理站点的功能，如打开站点、编辑站点、删除站点和复制站点等。本节将详细介绍管理站点方面的知识。

3.3.1 打开站点

启动 Dreamweaver CC 程序，可以单击文档窗口【文件】面板中左侧的下拉按钮，在弹出的下拉列表中，选择准备打开的站点，即可打开相应的站点，如图 3-13 所示。

图 3-13

3.3.2 切换站点

用户可以在【管理站点】对话框中选择需要切换到的站点，单击【完成】按钮即可，如图 3-14 所示。

图 3-14

3.3.3 【管理站点】对话框

在 Dreamweaver 中，对站点的所有管理都可以通过【管理站点】对话框来实现。在该对话框中，可以实现删除当前选中的站点、编辑当前选中的站点、复制当前选中的站点、导出当前选中的站点、导入站点、导入 Business Catalyst 站点、新建站点和新建 Business Catalyst 站点等多种站点管理操作，如图 3-15 所示。

在该对话框中可以进行如下操作。

➢ 站点列表：该列表显示了当前 Dreamweaver CC 中创建的所有站点，并且显示了各个站点的类型，用户可以在该列表中选择需要管理的站点。

➢ 【删除当前选定的站点】按钮 ▬：单击该按钮，将弹出提示对话框，单击【是】按钮即可删除当前选定的站点。这里删除的只是在 Dreamweaver 中创建的站点，该站点中的文件并不会被删除。

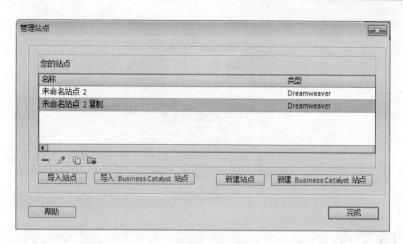

图 3-15

➤ 【编辑当前选定的站点】按钮 ✎：单击该按钮，系统会自动弹出【站点设置对象】对话框，在该对话框中可以对选择的站点进行修改。

➤ 【复制当前选定的站点】按钮 ⎘：单击该按钮，即可复制选择的站点，得到该站点的副本。

➤ 【导出当前选定的站点】按钮 ⟼：单击该按钮，将弹出【导出站点】对话框，选择导出位置，在【文件名】文本框中输入名称，单击【保存】按钮，即可将选择的站点导出成一个扩展名为.ste 的 Dreamweaver 站点文件。

➤ 【导入站点】按钮：单击该按钮，系统会自动弹出【导入站点】对话框，在该对话框中选择需要导入的站点文件，单击【打开】按钮，即可将该站点文件导入到 Dreamweaver 中。

➤ 【导入 Business Catalyst 站点】按钮：单击该按钮，将弹出 Business Catalyst 对话框，显示当前用户所创建的 Business Catalyst 站点。选中准备导入的站点，单击 Import Site 按钮即可导入 Business Catalyst 站点。

➤ 【新建站点】按钮：单击该按钮，将弹出【站点设置对象】对话框，在其中可以创建新的站点。

➤ 【新建 Business Catalyst 站点】按钮：单击该按钮，将弹出 Business Catalyst 对话框，在其中可以创建新的 Business Catalyst 站点。

3.4　管理站点中的文件

在 Dreamweaver CC 中，管理站点中文件的操作包括创建文件夹、创建和保存网页，以及移动和复制文件。本节将详细介绍管理站点文件方面的知识。

3.4.1　在站点中新建文件夹

创建文件夹，可以使站点中的文件数据有规律地放置，方便站点的设计和修改。文件夹创建好以后，就可以在文件夹中创建相应的文件。下面详细介绍创建文件夹的方法。

启动 Dreamweaver CC 程序，在【文件】面板中右击准备创建文件夹的父级文件夹，在弹出的快捷菜单中选择【新建文件夹】菜单项，即可完成创建文件夹的操作，如图 3-16 所示。

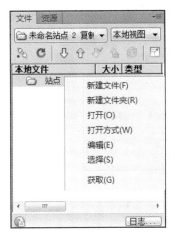

图 3-16

3.4.2 在站点中新建页面

通常，新建立的本地站点内都是空的，下一步就是着手添加文件和文件夹。首先添加首页，首页是浏览者在浏览器中输入网址时服务器默认发送给浏览者的该网站第一个网页。在网站管理中，首页是网站结构的开始，由首页才能引出其他的网页。

启动 Dreamweaver CC 程序，右击【文件】面板中的根目录，在弹出的快捷菜单中选择【新建文件】菜单项，重新命名后即可新建页面，如图 3-17 和图 3-18 所示。

图 3-17

图 3-18

3.4.3 移动和复制文件或文件夹

在文件管理中，还可以进行移动和复制文件的操作，下面将详细介绍操作方法。

启动 Dreamweaver CC 程序,在【文件】面板中右击准备要移动和复制的文件,在弹出的快捷菜单中选择【编辑】菜单项,在弹出的子菜单中选择【剪切】(或【复制】)菜单项,即可移动(或复制)文件或文件夹,如图 3-19 所示。

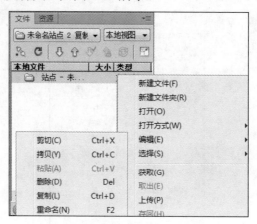

图 3-19

3.4.4 删除文件或文件夹

启动 Dreamweaver CC 程序,在【文件】面板中右击准备要删除的文件或文件夹,在弹出的快捷菜单中选择【编辑】菜单项,在弹出的子菜单中选择【删除】菜单项,即可删除该文件或文件夹,如图 3-20 所示。

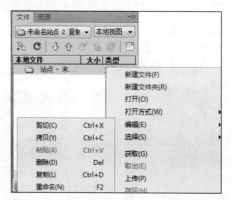

图 3-20

3.5 实践案例与上机指导

通过本章的学习,读者基本可以掌握创建与管理站点的基本知识以及一些常见的操作方法。下面通过练习操作,达到巩固学习、拓展提高的目的。

3.5.1　使用【新建文档】对话框创建新文件

在【文件】面板中，只可新建默认格式为 HTML 的文件。而通过【文件】菜单，不仅可以新建静态网页或动态网页文件，还可以新建流体网格布局、启动器模板和网站模板 3 种相关文件。下面进行详细介绍。

启动 Dreamweaver CC 程序，在菜单栏选择【文件】菜单，在弹出的菜单中选择【新建】菜单项，即可打开【新建文档】对话框，如图 3-21 所示。

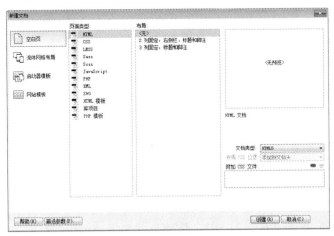

图 3-21

该对话框中的选项介绍如下。

- ➢ 【空白页】选项界面：在该选项界面中可以新建基本的静态网页或动态网页，其中最常用的是 HTML 选项。该选项设置界面分为【页面类型】列表、【布局】列表、预览区域和描述区域。
- ➢ 【流体网格布局】选项界面：该选项界面中列出了基于移动设备、平板电脑和台式机 3 种设备的流体网格布局，如图 3-22 所示。

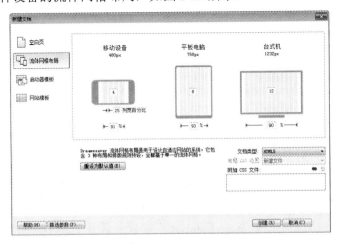

图 3-23

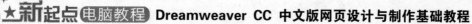

> ➤ 【启动器模板】选项界面：在该选项设置界面中提供了【Mobile 起始页】示例页面。在 Dreamweaver CC 中共提供了 3 种 Mobile 起始页示例页面，选择其中一个示例即可创建 jQuery Mobile 页面，如图 3-23 所示。

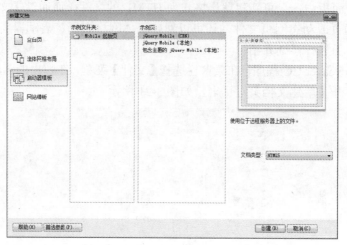

图 3-23

> ➤ 【网站模板】选项界面：在该选项设置界面中可以创建基于各站点模板的相关页面。在【站点】列表框中，可以选择需要创建的基于模板页面的站点。选择任意一个模板，单击【创建】按钮，即可创建基于该模板的页面，如图 3-24 所示。

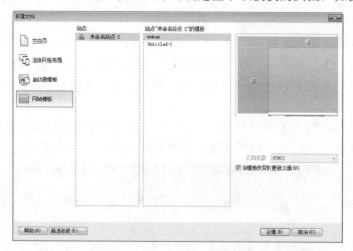

图 3-24

3.5.2 Business Catalyst 站点

Adobe 公司在 2009 年收购了澳大利亚的 Business Catalyst 公司。Business Catalyst 为网站设计人员提供了一个功能强大的电子商务内容管理系统，拥有一些非常实用的功能，如网站分析和电子邮件营销等。Business Catalyst 可以让所涉及的网站轻松获得一个在线平台，可以让用户轻松地掌握顾客的行踪，建立和管理任何规模的客户数据库，以及在线销售产品和服务。Business Catalyst 平台还集成了很多主流的网络支付系统，如 PayPal、Google 和 Checkout，以及预集成的网关。

　　Business Catalyst 站点功能是从 Dreamweaver CS6 开始加入的，在 Dreamweaver CC 中同样继承了 Business Catalyst 的功能，以满足设计者对于独立工作平台的需求。Business Catalyst 提供了一个在线远程服务器站点，使设计者能够获得一个专业的在线平台。

3.5.3　Edge Animate 资源

　　在【站点设置对象】对话框左侧选择【高级设置】下的【Edge Animate 资源】选项，可以设置 Edge Animate 资源文件夹的位置，默认的 Edge Animate 资源文件夹位于站点的根目录中，名称为 edgeanimate__assets。单击【资源文件夹】文本框右侧的【浏览文件夹】按钮，可以更改 Edge Animate 资源文件夹的位置，如图 3-25 所示。

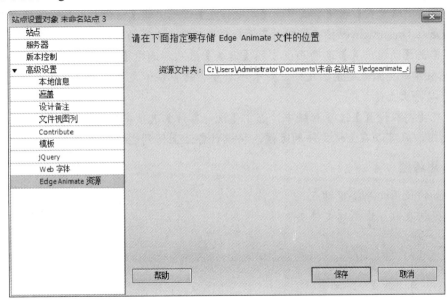

图 3-25

3.6　思考与练习

一、填空题

　　1. 一般情况下，网络上可以浏览的网页都存储在＿＿＿＿＿＿中。网站服务器是指用于＿＿＿＿＿＿的计算机，对于 WWW 浏览服务，网站服务器主要用于存储用户浏览的 Web 站点和＿＿＿＿＿＿。

　　2. 在互联网上浏览各种网站，其实就是用＿＿＿＿＿＿打开存储在网站服务器上的网页文档及其相关的资源。由于网站服务器的＿＿＿＿＿＿特性，通常将存储于网站服务器上的网页文档及其相关资源称为＿＿＿＿＿＿。

3. 下载是资源从＿＿＿＿＿＿＿＿传输到＿＿＿＿＿＿＿＿的过程，而上传是资源从本地计算机传输到＿＿＿＿＿＿＿＿的过程。

4. 站点的＿＿＿＿＿＿＿＿是指站点中各页面之间相互链接的拓扑结构。通常，网站的链接结构包括＿＿＿＿＿＿＿＿和＿＿＿＿＿＿＿＿。

5. 在网络中创建网站之前，一般需要在＿＿＿＿＿＿＿＿上将整个完整网站完成，然后再将站点上传到＿＿＿＿＿＿＿＿上。

二、判断题

1. 单击【删除当前选定的站点】按钮，可删除当前在【管理站点】对话框中选中的站点。 （　　）

2. 选择【高级设置】选项面板可以不使用向导而直接创建站点信息，这种方式可以让网页设计师在创建站点过程中发挥更强的主动性。 （　　）

3. 在【高级设置】选项面板中，【本地信息】选项中的【区分大小写的链接检查】复选框的作用是在 Dreamweaver 检查链接时用于确保链接的大小写与文件名的大小写匹配。（　　）

4. 单击【高级设置】选项面板中的【遮盖】选项，选中【启用遮盖】复选框，可以在进行站点操作时排除被遮盖的文件，如果不希望上传多媒体文件，可以将多媒体文件覆盖，这样就可以停止上传。 （　　）

5. 在【高级设置】选项面板中，选中【设计备注】选项中的【启用上传并共享设计备注】复选框，只可以在上传文件的时候，将设计备注上传到远端服务器上。 （　　）

三、思考题

1. 如何使用向导搭建站点？
2. 如何在站点中新建文件夹？

新起点
电脑教程

第 4 章

在网页中编排文本

本章要点

- 文本的基本操作
- 插入特殊文本对象
- 设置项目列表
- 设置页面的头信息

本章主要内容

　　本章主要介绍了启动文本的基本操作、插入特殊文本对象、设置项目列表方面的知识与技巧，同时还讲解了如何设置页面的头信息，在本章的最后还针对实际工作需求，讲解了查找与替换功能、设置页边距、设置网页的默认格式以及设置文本缩进格式的方法。通过本章的学习，读者可以掌握在网页中编排文本方面的知识，为深入学习 Dreamweaver CC 奠定基础。

4.1　文本的基本操作

在 Dreamweaver CC 中，可以对文本进行基本操作，包括输入文本，设置字体、字号、字体颜色和字体样式等。本节将详细介绍文本的基本操作。

4.1.1　输入文本

在 Dreamweaver CC 中，可以通过复制/粘贴、直接输入的方法添加文本。下面详细介绍输入文本的操作方法。

1. 通过复制/粘贴输入文本

用户可以从 Word 或记事本等程序中将需要的文本复制，然后在 Dreamweaver CC 程序中执行粘贴命令，即可完成复制和粘贴文本的操作。下面详细介绍复制/粘贴文本的操作方法。

第1步 打开 Word 文档，将准备复制的内容全部选中后右击，在弹出的快捷菜单中选择【复制】菜单项，如图 4-1 所示。

第2步 切换至 Dreamweaver CC，在编辑窗口右击，在弹出的快捷菜单中选择【粘贴】菜单项，如图 4-2 所示。

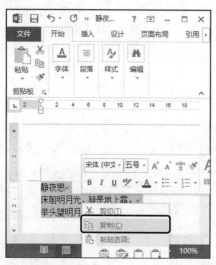

图 4-1　　　　　　　　　　　　　　　　图 4-2

第3步 通过以上步骤，即可完成在 Dreamweaver CC 中复制/粘贴文本的操作，如图 4-3 所示。

2. 直接输入文本

启动 Dreamweaver CC 程序，选择准备使用的输入法，将光标定位在编辑窗口，即可输入文本，如图 4-4 所示。

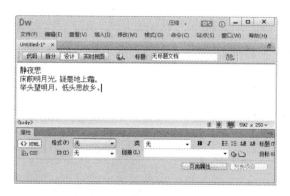

图 4-3

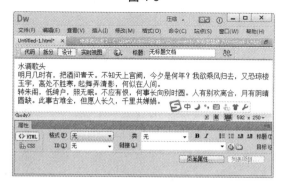

图 4-4

4.1.2　设置字体

在制作网页文件的时候，可以根据需要对文字进行设置。下面详细介绍设置字体的操作方法。

第1步 选中准备设置字体的文本，在【属性】面板中，**1.** 选择 CSS 选项，**2.** 单击【字体】下拉按钮，在弹出的列表中选择一个字体样式，如图 4-5 所示。

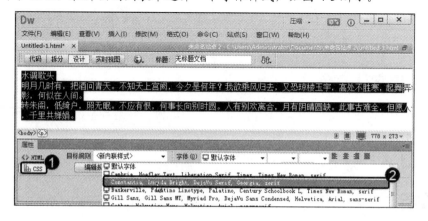

图 4-5

第2步 通过以上步骤即可完成设置字体的操作，如图 4-6 所示。

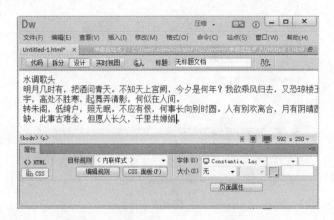

图 4-6

4.1.3 设置字号

在设置字体的同时，还可以对字号进行设置，下面详细介绍设置字号的操作方法。

第1步 选中准备设置字号的文本，在【属性】面板中，**1.** 选择 CSS 选项，**2.** 单击【大小】下拉按钮，在弹出的列表中选择一个字号，如图 4-7 所示。

第2步 通过以上步骤即可完成设置字号的操作，如图 4-8 所示。

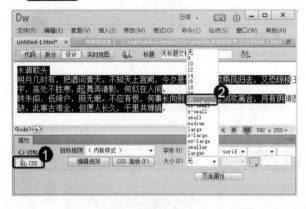

图 4-7

图 4-8

4.1.4 设置字体颜色

在设置字体的同时，还可以对字体的颜色进行设置，并得到美观的页面。下面详细介绍设置字体颜色的操作方法。

第1步 选中准备设置字体颜色的文本，在【属性】面板中，**1.** 选择 CSS 选项，**2.** 单击文本颜色按钮，在弹出的色板中选择一个颜色，如图 4-9 所示。

第2步 通过以上步骤即可完成设置字体颜色的操作，如图 4-10 所示。

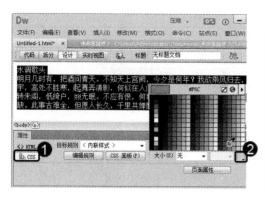

图 4-9

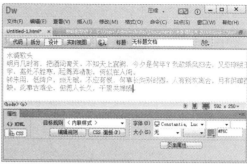

图 4-10

4.1.5　设置字体样式

在设置字体的同时，还可以对字体的样式进行设置。下面详细介绍操作方法。

在【属性】面板中，选择 CSS 选项，在【字体】区域的第 2、3 个下拉列表框中分别选择 oblique 和 bolder 选项，即可完成设置字体样式的操作，如图 4-11 所示。

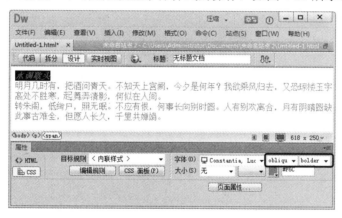

图 4-11

4.1.6　设置段落对齐方式

段落对齐方式包括【左对齐】、【居中对齐】、【右对齐】和【两端对齐】4 种。下面详细介绍设置段落对齐方式的操作方法。

第 1 步　选中准备设置段落的文本，在【属性】面板中选择【居中对齐】方式，如图 4-12 所示。

第 2 步　通过以上步骤即可完成段落对齐的操作，如图 4-13 所示。

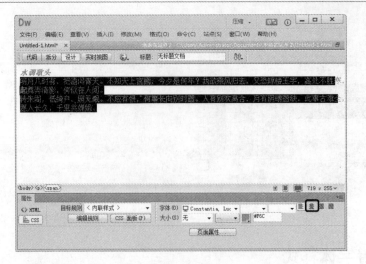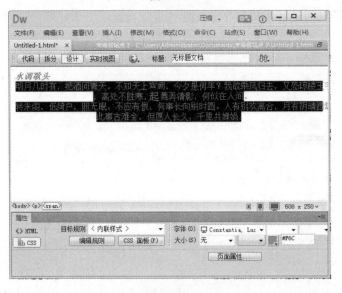

图 4-12

图 4-13

4.1.7　设置是否显示不可见元素

除了通常的文本设置外，用户还可以设置是否显示不可见元素参数。这个操作方法非常简单，下面详细介绍。

第1步　启动 Dreamweaver CC 程序，*1.* 在菜单栏中选择【编辑】菜单，*2.* 在弹出的下拉菜单中选择【首选项】菜单项，如图 4-14 所示。

第2步　弹出【首选项】对话框，*1.* 在【分类】列表框中选择【不可见元素】选项，*2.* 在【显示】区域勾选准备显示的元素，*3.* 单击【确定】按钮，即可完成设置是否显示不可见元素的操作，如图 4-15 所示。

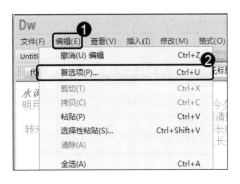

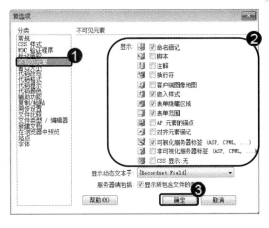

图 4-14   图 4-15

4.2 插入特殊文本对象

在网页中还可以插入特殊文本对象，包括特殊字符、水平线和日期。本节将详细介绍插入特殊文本对象方面的知识。

4.2.1 插入特殊字符

在 Dreamweaver CC 中，不但可以输入普通文本，还可以输入特殊字符。下面详细介绍插入特殊字符的操作方法。

第1步 启动 Dreamweaver CC 程序，**1.** 在菜单栏选择【插入】菜单，**2.** 在弹出的下拉菜单中选择【字符】菜单项，**3.** 在弹出的子菜单中选择【其他字符】菜单项，如图 4-16 所示。

第2步 弹出【插入其他字符】对话框，**1.** 选择准备插入的字符按钮，**2.** 单击【确定】按钮，即可将特殊字符插入到编辑窗口中，如图 4-17 所示。

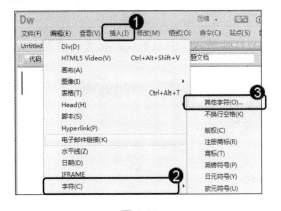

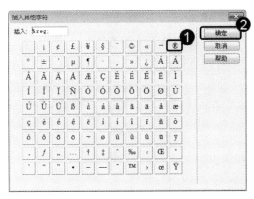

图 4-16   图 4-17

第3步 通过以上步骤即可完成插入特殊字符的操作，如图 4-18 所示。

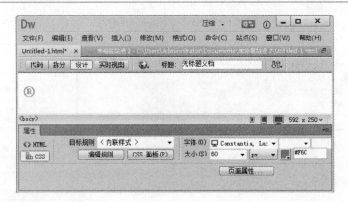

图 4-18

4.2.2　插入水平线

在网页文件中插入水平线，可以分隔网页中的页面内容。下面详细介绍插入水平线的操作方法。

第1步　将光标定位在准备插入水平线的位置，在界面右侧的【插入】面板中，**1.** 选择【常用】选项，**2.** 单击【水平线】按钮，如图 4-19 所示。

第2步　通过以上步骤即可插入水平线，如图 4-20 所示。

图 4-19

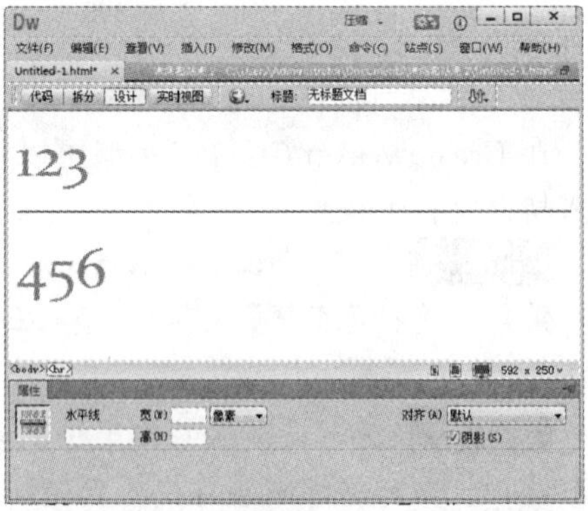

图 4-20

在网页中插入水平线之后，可以对其进行相关设置。选中水平线，在【属性】面板中即可对其进行相应的修改，如图 4-21 所示。

图 4-21

【属性】面板中各项的含义如下。

➢　【水平线】：在该文本框中可以输入水平线的名称，还可以设置该水平线的 ID 值。

➢　【宽】和【高】：该区域用于定义水平线的宽度和高度。

> ➤ 【对齐】：单击下拉按钮，在弹出的列表中包括【默认】、【左对齐】、【居中对齐】和【右对齐】选项，用于设置水平线在网页中的位置。
>
> ➤ Class：在该下拉列表框中可以设置水平线的 CSS 对象。
>
> ➤ 【阴影】：勾选该复选框，可以给水平线添加阴影效果。

4.2.3　插入日期

在网页中插入日期可以方便以后编辑网页。插入日期的方法很简单，下面详细介绍操作方法。

第1步 将光标定位在准备插入日期的位置，在界面右侧的【插入】面板中，**1.** 选择【常用】选项，**2.** 单击【日期】按钮，如图 4-22 所示。

第2步 弹出【插入日期】对话框，**1.** 在【日期格式】下拉列表中选择一种格式，**2.** 在【时间格式】下拉列表框中选择一种格式，**3.** 单击【确定】按钮，如图 4-23 所示。

图 4-22

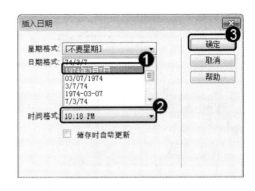
图 4-23

第3步 通过以上步骤即可完成插入日期的操作，如图 4-24 所示。

图 4-24

4.3　设置项目列表

项目符号和列表编号可以表示不同段落文本间关系，因此，在文本上设置编号或项目符号并进行适当的缩进，可以直观地表示文本间的逻辑关系。本节将详细介绍项目列表与编号列表方面的知识。

4.3.1 创建项目列表与编号列表

当制作的项目之间是并列关系时，可以根据需要创建项目列表和编号列表。下面详细介绍创建项目列表和编号列表的操作步骤。

第 1 步 将光标定位于准备创建项目列表的位置，**1.** 在菜单栏中选择【格式】菜单，**2.** 在弹出的下拉菜单中选择【列表】菜单项，**3.** 弹出的子菜单中选择【项目列表】菜单项，如图 4-25 所示。

第 2 步 通过以上步骤即可完成创建项目列表的操作，如图 4-26 所示。

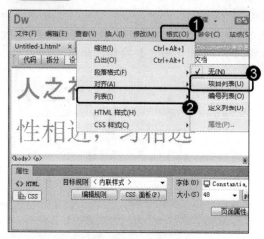

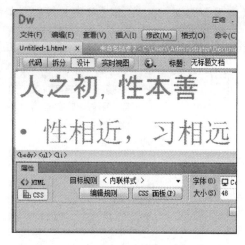

图 4-25 图 4-26

第 3 步 将光标定位于准备创建编号列表的位置，**1.** 在菜单栏选择【格式】菜单，**2.** 在弹出的下拉菜单中选择【列表】菜单项，**3.** 弹出的子菜单中选择【编号列表】菜单项，如图 4-27 所示。

第 4 步 通过以上步骤即可完成创建编号列表的操作，如图 4-28 所示。

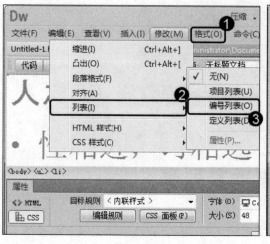

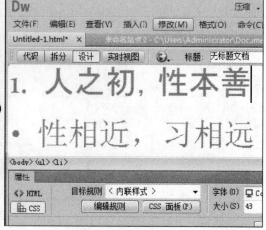

图 4-27 图 4-28

4.3.2　设置列表属性

设置完项目列表后，可以具体设置该列表的属性，下面介绍操作方法。

第1步　将光标定位于准备设置项目列表属性的文本中，**1.** 在菜单栏选择【格式】菜单，**2.** 在弹出的下拉菜单中选择【列表】菜单项，**3.** 弹出的子菜单中选择【属性】菜单项，如图 4-29 所示。

第2步　弹出【列表属性】对话框，**1.** 在【列表类型】下拉列表框中选择【项目列表】选项，**2.** 在【样式】下拉列表框中选择【正方形】选项，**3.** 单击【确定】按钮，如图 4-30 所示。

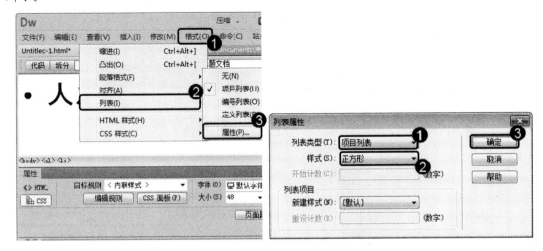

图 4-29　　　　　　　　　　　　　　　　　　　图 4-30

第3步　通过以上步骤即可完成设置列表属性的操作，如图 4-31 所示。

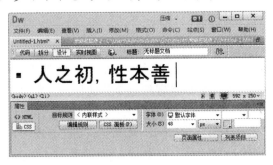

图 4-31

4.4　设置页面的头信息

网页的头部内容不会显示在网页的主题里面，但对网页有着至关重要的影响，网页中加载的顺序是从头部开始的。插入页面头部的内容主要包括设置网页标题、添加关键字、添加说明、插入视口、设置链接和设置 Meta 信息等。本节介绍插入页面头部内容方面的知识。

4.4.1 设置网页标题

网页标题经常被网页初学者忽略，因为其对网页的内容不产生任何影响。但实际上，用户在浏览网页时，浏览器的标题栏中会显示网页的标题；在进行多个窗口切换时，标题可以很明白地提示当前网页的信息；当用户收藏一个网页时，也会把网页的标题列在收藏夹内。下面详细介绍设置网页标题的操作方法。

第 1 步 启动 Dreamweaver CC 程序，**1.** 在菜单栏选择【修改】菜单，**2.** 在弹出的下拉菜单中选择【页面属性】菜单项，如图 4-32 所示。

第 2 步 弹出【页面属性】对话框，**1.** 在左侧的【分类】列表框中选择【标题(CSS)】选项，**2.** 在右侧的【标题(CSS)】区域中可以对标题名称、字体、大小等属性进行具体设置，**3.** 单击【确定】按钮即可完成设置，如图 4-33 所示。

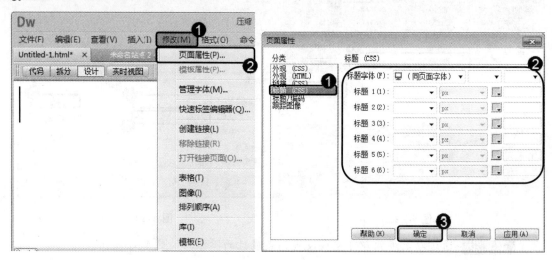

图 4-32　　　　　　　　　　　　　　　　图 4-33

【标题(CSS)】区域中各项的功能如下。

➢ 　【标题字体】：在"标题字体"后的第 1 个下拉列表框中可以设置标题的字体，在第 2 个下拉列表框中可以设置标题字体的样式，在第 3 个下拉列表框中可以设置标题字体的粗细。

➢ 　【标题 1】~【标题 6】：在 HTML 页面中，可以通过<h1>~<h6>标签定义页面中的文字为标题文字，分别对应"标题 1"~"标题 6"。在该区域中，可以分别设置标题文字的大小以及文本颜色。

4.4.2 添加关键字

页面的头部信息还包括关键字。给网页插入关键字的方法非常简单，下面详细介绍操作方法。

第 1 步 启动 Dreamweaver CC 程序，**1.** 在菜单栏选择【插入】菜单，**2.** 在弹出的下拉菜单中选择 Head 菜单项，**3.** 在弹出的子菜单中选择【关键字】菜单项，如图 4-34 所示。

第2步　弹出【关键字】对话框，**1.** 在【关键字】列表框中输入内容，**2.** 单击【确定】按钮即可完成添加关键字的操作，如图 4-35 所示。

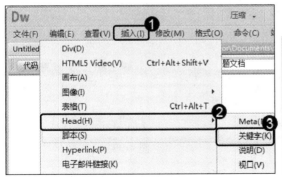
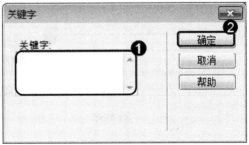

图 4-34　　　　　　　　　　　　　　　　图 4-35

4.4.3　添加说明

页面的头部信息还包括说明，给网页插入说明的方法非常简单，下面详细介绍操作方法。

第1步　启动 Dreamweaver CC 程序，**1.** 在菜单栏选择【插入】菜单，**2.** 在弹出的下拉菜单中选择 Head 菜单项，**3.** 在弹出的子菜单中选择【说明】菜单项，如图 4-36 所示。

第2步　弹出【说明】对话框，**1.** 在【说明】列表框中输入内容，**2.** 单击【确定】按钮即可完成添加说明的操作，如图 4-37 所示。

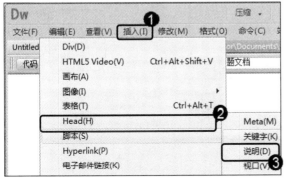
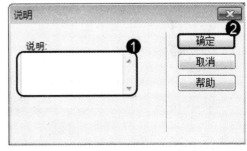

图 4-36　　　　　　　　　　　　　　　　图 4-37

4.4.4　插入视口

页面的头部信息还包括视口。给网页插入视口的方法非常简单，下面详细介绍操作方法。

第1步　启动 Dreamweaver CC 程序，**1.** 在菜单栏选择【插入】菜单，**2.** 在弹出的下拉菜单中选择 Head 菜单项，**3.** 在弹出的子菜单中选择【视口】菜单项，如图 4-38 所示。

第2步　可以看到【属性】面板中变为视口属性，通过以上步骤即可完成插入视口的操作，如图 4-39 所示。

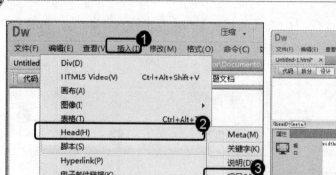

图 4-38

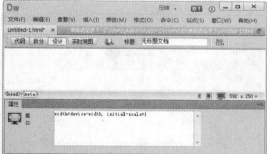

图 4-39

4.4.5 设置链接

页面的头部信息还包括链接，给网页设置链接的方法非常简单，下面详细介绍操作方法。

第 1 步 选中准备设置链接的文本，在【属性】面板中，*1.* 选择 HTML 选项，*2.* 单击【链接】下拉列表框后面的【浏览文件夹】按钮，如图 4-40 所示。

第 2 步 弹出【选择文件】对话框，*1.* 选择准备链接到的网页，*2.* 单击【确定】按钮，如图 4-41 所示。

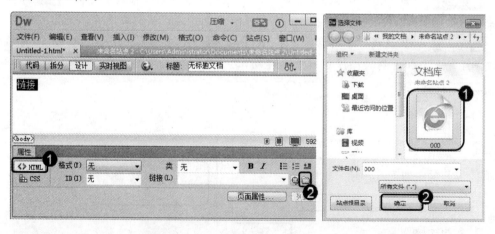

图 4-40   图 4-41

第 3 步 可以看到文本颜色变为蓝色并带有下划线，通过以上步骤即可完成设置链接的操作，如图 4-42 所示。

图 4-42

4.4.6 设置页面的 Meta 信息

页面的头部信息还包括页面的 Meta 信息。设置页面的 Meta 信息的方法非常简单，下面详细介绍操作方法。

第1步 启动 Dreamweaver CC 程序，*1.* 在菜单栏选择【插入】菜单，*2.* 在弹出的下拉菜单中选择 Head 菜单项，*3.* 在弹出的子菜单中选择 Meta 菜单项，如图 4-43 所示。

第2步 弹出 Meta 对话框，*1.* 在【值】文本框和【内容】下拉列表框中输入内容，*2.* 单击【确定】按钮，即可完成设置页面的 Meta 信息的操作，如图 4-44 所示。

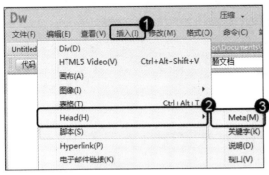

图 4-43

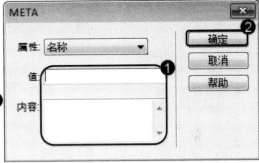

图 4-44

4.5 实践案例与上机指导

通过本章的学习，读者基本可以掌握在网页中编排文本的基本知识以及一些常见的操作方法。下面通过练习操作，达到巩固学习、拓展提高的目的。

4.5.1 查找与替换功能

当发现网站中的某些细节需要修改时，可以利用查找和替换功能进行修改。在菜单栏中选择【编辑】菜单，在弹出的下拉菜单中选择【查找和替换】菜单项，打开【查找和替换】对话框。在【查找】列表框中输入需要替换的内容，在【替换】文本框中输入准备替换的内容，即可完成查找和替换的操作，如图 4-45 所示。

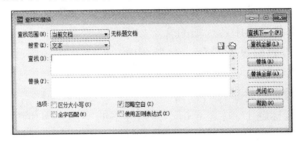

图 4-45

4.5.2 设置页边距

按照文章的书写规则，正文与纸的四周需要一定的距离，这个距离叫页边距。网页设计也是如此，在默认状态下，文档的上下左右边距不为零。在 Dreamweaver CC 中设置页边距的方法非常简单，下面详细介绍操作方法。

在菜单栏中选择【修改】菜单，在弹出的下拉菜单中选择【页面属性】菜单项，弹出【页面属性】对话框，在【分类】列表框中选择【外观(CSS)】选项，根据需要在对话框的【左边距】、【右边距】、【上边距】、【下边距】文本框中输入相应的数值，如图 4-46 所示。

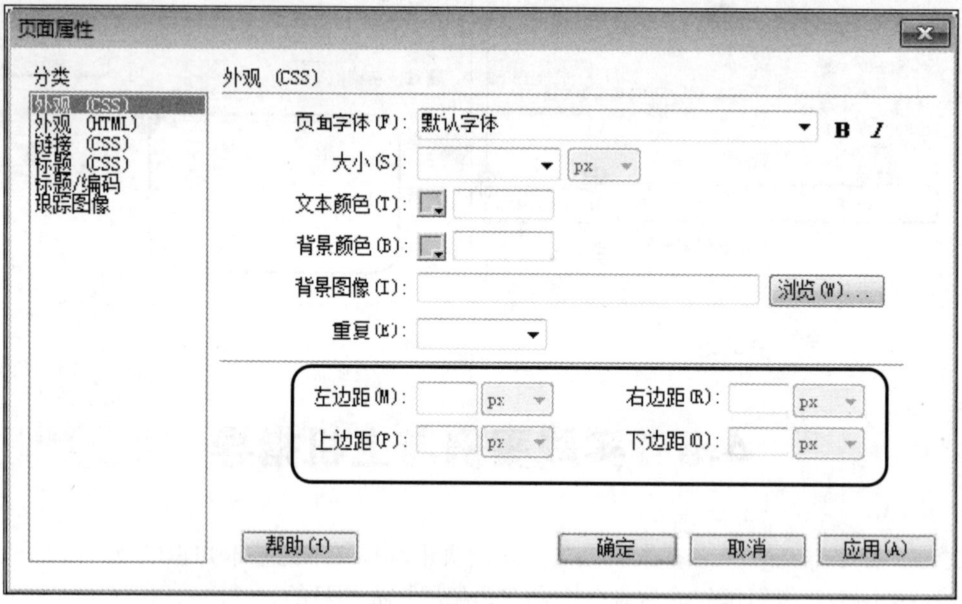

图 4-46

4.5.3 设置网页的默认格式

用户在制作新网页时，页面都有一些默认的属性，比如网页的标题、网页边界、文字编码、文字颜色和超链接的颜色等。下面介绍修改网页的页面属性的操作方法。

在菜单栏中选择【修改】菜单，在弹出的下拉菜单中选择【页面属性】菜单项，弹出【页面属性】对话框，可以在对话框中设置相应的属性，如图 4-47 所示。

对话框的【分类】列表框中各选项的含义如下。

➢ 【外观】：设置网页背景色、背景图像、网页文字的字体、字号、颜色和网页边界。

➢ 【链接】：设置链接字体的格式。

➢ 【标题】：为标题 1～标题 6 指定标题标签的字体大小和颜色。

➢ 【标题/编码】：设置网页的标题和网页的文字编码。一般情况下，将网页的文字编码设定为简体中文 GB2312 编码。

➢ 【跟踪图像】：一般在复制网页时，若想使原网页的图像作为复制网页的参考图像，可使用跟踪图像的方式实现。跟踪图像仅作为复制网页的设计参考图像，在浏览器中并不显示出来。

图 4-47

4.5.4 设置文本缩进格式

在 Dreamweaver CC 中，设置文本缩进的方法非常简单，在编辑窗口输入文本，在菜单栏中选择【格式】菜单，在弹出的下拉菜单中选择【缩进】菜单项，即可使段落向右移动；在【格式】下拉菜单中选择【凸出】菜单项，即可使段落向左移动，如图 4-48 所示。

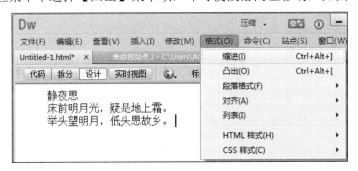

图 4-48

4.6 思考与练习

一、填空题

1. 在 Dreamweaver CC 中，可以对文本进行基本操作，其中包括：_____，设置字体、_____、字体颜色和_____等。

2. 设置段落与格式的对齐方式操作包括＿＿＿＿＿＿＿＿、【居中对齐】、＿＿＿＿＿＿＿＿和＿＿＿＿＿＿＿＿四种。

3. 在网页中还可以插入特殊文本对象，具体包括插入＿＿＿＿＿＿＿＿、＿＿＿＿＿＿＿＿和日期等。

4. 插入页面头信息的主要内容包括＿＿＿＿＿＿＿＿、添加关键字、＿＿＿＿＿＿＿＿、插入视口、设置链接和＿＿＿＿＿＿＿＿等。

二、判断题

1. 项目符号和列表编号可以表示不同段落文本间的关系，因此，在文本上设置编号或项目符号并进行适当的缩进，可以直观地表示文本间的逻辑关系。　　　　　　（　　）

2. 用户在浏览网页时，在浏览器的标题栏中可以看到网页的标题。在进行多个窗口切换时，标题可以很明白地提示当前网页的信息；当用户收藏一个网页时，也会把网页的标题列在收藏夹内。　　　　　　（　　）

3. 在水平线【属性】面板中，【水平线】文本框中可以输入水平线的名称，还可以设置该水平线的 ID 值。　　　　　　（　　）

4. 在【页面属性】对话框中，【标题(CSS)】选项下的【标题 1】～【标题 6】文本框的作用是在 HTML 页面中可以通过<h1>～<h6>标签定义页面中的文字为标题文字，分别对应"标题 1"～"标题 6"。在该区域可以分别设置标题文字的大小以及文本颜色。　（　　）

三、思考题

1. 如何在 Dreamweaver CC 中使用查找与替换功能？
2. 如何在 Dreamweaver CC 中设置页边距？

第 5 章

使用图像与多媒体丰富网页内容

本章要点

- 网页中的常用图像格式
- 插入与设置图像
- 插入其他图像元素
- 多媒体在网页中的应用

本章主要内容

本章主要介绍网页中的常用图像格式、插入与设置图像、插入其他图像元素、多媒体在网页中的应用方面的知识与技巧。在本章的最后,还针对实际工作需求,讲解了插入 HTML5 Video 以及 HTML5 Audio 的方法。通过本章的学习,读者可以掌握使用图像与多媒体丰富网页内容方面的知识,为深入学习 Dreamweaver CC 奠定基础。

5.1　网页中的常用图像格式

网页中的图像格式通常有 3 种，即 JPGE 格式图像、GIF 格式图像和 PNG 格式图像，其中使用最广泛的是 JPEG 和 GIF 格式的图像。本节将详细介绍网页中常见的图像格式方面的知识。

5.1.1　JPEG 格式图像

JPG/JPEG(Joint Photographic Experts Group，可译为"联合图像专家组")是一种压缩格式的图像。JPEG 文件通过压缩，使其在图像品质和文件大小之间达到较好的平衡，损失了原图像中不易被人眼察觉的内容，获得较小的文件尺寸，使图像下载更快捷。

JPG/JPEG 支持 24 位真彩色，普遍用于显示摄影图片和其他连续色调图像的高级格式。若对图像颜色要求较高，应采用这种类型的图像。目前各类浏览器均支持 JPEG 图像格式。

5.1.2　GIF 格式图像

GIF(Graphics Interchange Format)格式图像，可译为"图像交换格式"，是一种无损压缩格式的图像。可以使文件尺寸最小，支持动画格式，能在一个图像文件中包含多帧图像，在浏览器中可看到动感图像效果。网页上小一点的动画一般都是 GIF 格式的图像。

GIF 只支持 8 位颜色(256 种颜色)，不能用于存储真彩色的图像文件，适合大面积单一颜色的图像，如导航条、按钮、图标等。其压缩率一般在 50%左右，它不属于任何应用程序。通常情况下，GIF 图像的压缩算法是有版权的。

5.1.3　PNG 格式图像

PNG(Portable Network Graphic)可译为"便携网络图像"，是一种格式非常灵活的图像，用于在 WWW 上无损压缩和显示图像。Fireworks 制作的图像默认为 PNG 格式，生成的文件比较小。

PNG 图像支持多种颜色数目，从 8 位、16 位、24 位到 32 位。可替代 GIF 格式，具有对索引色、灰度、真彩色图像及透明背景的支持。

商业网站使用 PNG 格式的图像比较安全，因为没有版权问题。

PNG 文件格式保留 GIF 文件格式的以下特性。

➢　使用彩色查找表：可支持 256 种颜色的彩色图像。

➢　流式读写性能(Streamability)：图像文件格式允许连续读出和写入图像数据，这个特性适合于在通信过程中生成和显示图像。

> ➢ 逐次逼近显示(Progressive Display)：可在通信链路上传输图像文件的同时在终端上显示图像，把整个轮廓显示出来之后逐步显示图像的细节，也就是先用低分辨率显示图像，然后逐步提高其分辨率。

> ➢ 透明性(Transparency)：可使图像中某些部分不显示出来，用来创建一些有特色的图像。

> ➢ 辅助信息(Ancillary Information)：可在图像文件中存储一些文本注释信息。

5.2　插入与设置图像

图像是网页中不可缺少的元素之一。为了使图像内容更加丰富，方便浏览者的浏览，可以将图像插入到网页中，并进行相应的设置等操作。本节将介绍插入与设置图像方面的知识。

5.2.1　在网页中插入图像文件

要在 Dreamweaver CC 文档中插入图像，图像必须位于当前站点文件夹内或远程站点文件夹内，否则图像不能正确显示。所以在建立站点时，设计者常先创建一个名叫 image 的文件夹，并将需要的文件复制到其中。下面详细介绍在网页中插入图像的操作方法。

第 1 步 启动 Dreamweaver CC 程序，将光标置于准备插入图像的位置，**1.** 在菜单栏中选择【插入】菜单，**2.** 在弹出的下拉菜单中选择【图像】菜单项，**3.** 在弹出的子菜单中选择【图像】菜单项，如图 5-1 所示。

第 2 步 弹出【选择图像源文件】对话框，**1.** 选择准备插入的图像，**2.** 单击【确定】按钮，如图 5-2 所示。

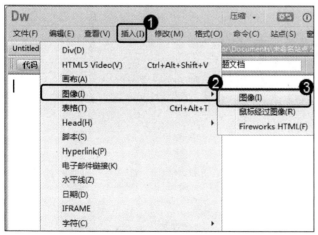

图 5-1

图 5-2

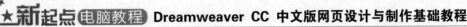

第3步 通过以上步骤即可完成在 Dreamweaver CC 中插入图像的操作，如图 5-3 所示。

图 5-3

5.2.2 设置网页背景图

背景图像是网页中的另外一种图像方式，该方式的图像既不影响文件输入，也不影响插入式图像的显示。在 Dreamweaver CC 中，将光标定位至网页文档中，然后单击【属性】面板中的【页面属性】按钮，即可打开【页面属性】对话框来设置当前网页的背景图像。下面介绍具体操作方法。

第1步 启动 Dreamweaver CC 程序，将光标定位在网页中，单击【属性】面板中的【页面属性】按钮，如图 5-4 所示。

第2步 打开【页面属性】对话框，**1.** 在【分类】列表框中选择【外观(CSS)】选项，**2.** 单击右侧【外观(CSS)】区域中的【浏览】按钮，如图 5-5 所示。

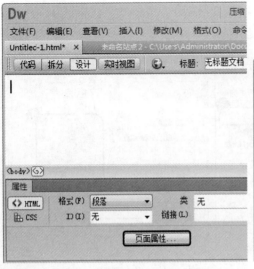

图 5-4

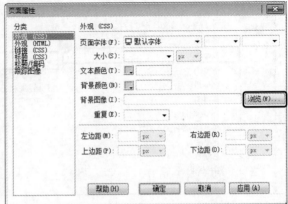

图 5-5

第3步 弹出【选择图像源文件】对话框，**1.** 选中准备设置为背景的图片，**2.** 单击【确定】按钮，如图 5-6 所示。

第4步 返回到【页面属性】对话框，单击【确定】按钮，如图 5-7 所示。

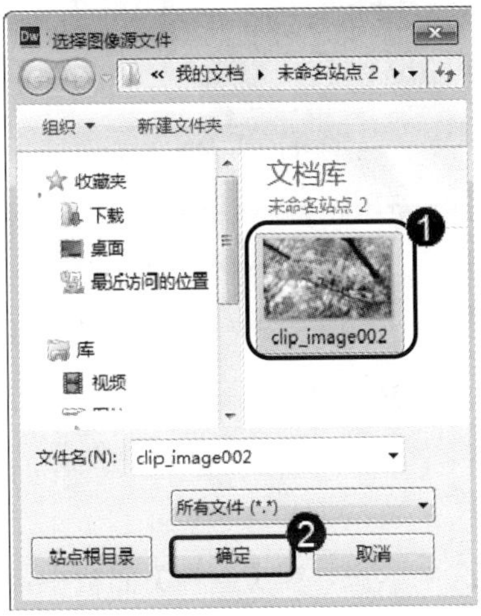

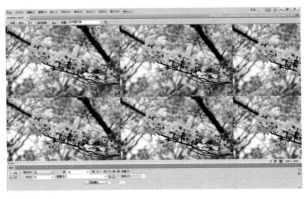

图 5-6 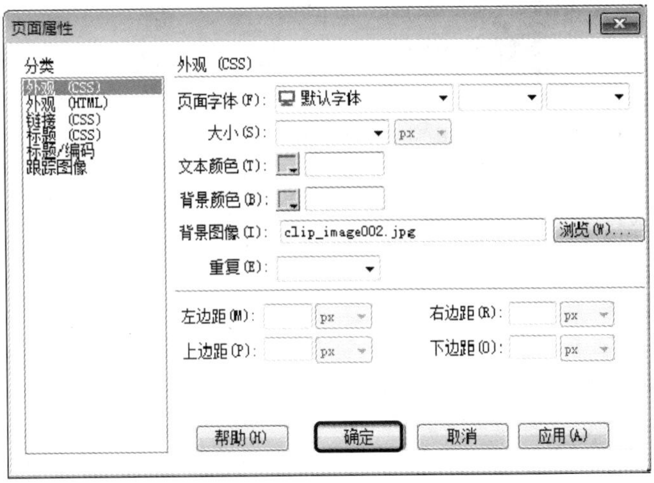   图 5-7

第5步 通过以上步骤，即可完成设置网页背景图的操作，如图 5-8 所示。

图 5-8

5.2.3 设置图像对齐方式

当网页文件中包括图像文件和文本时，需要对图像进行对齐设置。图像的对齐方式包括【左对齐】、【居中对齐】、【右对齐】、【两端对齐】4 种。下面将详细介绍操作方法。

第1步 启动 Dreamweaver CC 程序，选中网页中的图像，**1.** 选择菜单栏中的【格式】菜单，**2.** 在弹出的菜单中单击【对齐】菜单项，**3.** 在弹出的子菜单中选择【居中对齐】菜单项，如图 5-9 所示。

第2步 通过以上步骤，即可完成设置图像对齐方式的操作，如图 5-10 所示。

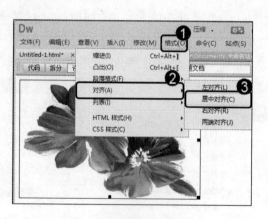

图 5-9
图 5-10

5.2.4　更改图像基本属性

在 Dreamweaver CC 中插入图像文件之后，图像默认为选中状态，在【属性】面板中显示图像的属性，如图 5-11 所示。

图 5-11

在【属性】面板中可以对图像进行以下设置。

➢ 【图像】：在该文本框中可以输入图像的名称，方便以后调用该图像文件。

➢ 【宽】和【高】：在【宽】和【高】文本框中输入数值，可设置图像文件的宽度和高度。

➢ Src：在该文本框中显示了当前图像文件的地址。单击文本框后面的【浏览文件夹】按钮，可以重新设置当前图像文件的地址。

➢ 【链接】：在该文本框中可以设置当前图像文件的链接地址。

➢ 【替换】：在该文本框中可以输入图像的替换文字说明。在浏览网页时，当该图片因丢失或者其他原因不能正确显示时，在其相应的区域会显示设置的替换说明文字。

➢ 【编辑】：在该区域中列出了编辑当前图像文件可以使用的工具。

5.2.5　使用图像编辑器

在 Dreamweaver CC 中，图像编辑器主要分为内部图像编辑器和外部图像编辑器。内部图像编辑器即上节介绍的图像【属性】面板，这里不再赘述；外部图像编辑器是指其他 Adobe 公司开发的图像编辑软件，如 Photoshop 等。用户可以使用外部图像编辑器对图像进行编辑操作。在外部图像编辑器中编辑图像后，保存并返回 Dreamweaver CC 时，网页文档窗口中的图像也同步更新。下面详细介绍设置外部图像编辑器的操作方法。

第 1 步　选中网页中需要编辑的图像，**1.** 选择菜单栏中的【编辑】菜单，**2.** 在弹出的下拉菜单中选择【首选项】菜单项，如图 5-12 所示。

第2步 打开【首选项】对话框，**1.** 在【分类】列表框中选择【文件类型/编辑器】选项，**2.** 在【扩展名】列表框选中准备添加的扩展名，**3.** 在【编辑器】列表上方单击【添加】按钮，**4.** 单击【确定】按钮，如图 5-13 所示。

图 5-12

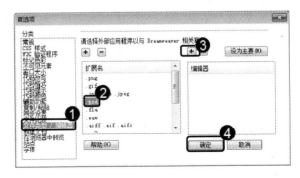

图 5-13

第3步 弹出【选择外部编辑器】对话框，**1.** 选择软件所在位置，**2.** 选中软件图标，**3.** 单击【打开】按钮，如图 5-14 所示。

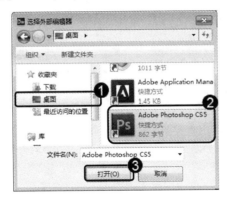

图 5-14

第4步 返回到【首选项】对话框，单击【确定】按钮，即可完成使用外部图像编辑器的操作，如图 5-15 所示。

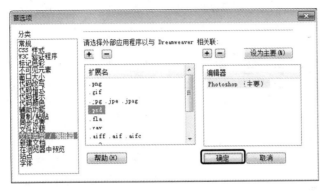

图 5-15

5.3 插入其他图像元素

在 Dreamweaver CC 中，不仅可以插入图像元素，还可以插入其他元素，其中包含插入鼠标经过图像和 Fireworks HTML。本节将详细介绍插入其他图像元素的操作方法。

5.3.1 插入鼠标经过图像

在网页中，鼠标经过图像经常制成动态效果，当鼠标移动到图像上时，该图像就变为另一幅图像。插入鼠标经过图像的方法非常简单，下面详细介绍操作方法。

第1步 将光标定位于网页文档中，*1.* 在【插入】面板中选择【常用】选项，*2.* 单击【图像】下拉按钮，*3.* 在弹出的下拉菜单中选择【鼠标经过图像】菜单项，如图 5-16 所示。

图 5-16

第2步 弹出【插入鼠标经过图像】对话框，*1.* 在【原始图像】文本框中输入图像存储路径，*2.* 在【鼠标经过图像】文本框中输入图像存储路径，*3.* 单击【确定】按钮，如图 5-17 所示。

第3步 通过上述操作，即可完成插入鼠标经过图像的操作，如图 5-18 所示。

图 5-17

图 5-18

5.3.2　插入 Fireworks HTML

除了插入鼠标经过图像之外，还可以在网页中插入 Fireworks HTML 文件。在网页中插入 Fireworks HTML 文件的方法非常简单，下面详细介绍操作方法。

第 1 步 将光标定位于网页文档中，**1.** 在【插入】面板中选择【常用】选项，**2.** 单击【图像：鼠标经过图像】下拉按钮，**3.** 在弹出的下拉菜单中选择 Fireworks HTML 菜单项，如图 5-19 所示。

图 5-19

第 2 步 弹出【插入 Fireworks HTML】对话框，**1.** 在【Fireworks HTML 文件】文本框中输入准备插入的文件存储路径，**2.** 单击【确定】按钮，即可完成在网页中插入 Fireworks HTML 的操作，如图 5-20 所示。

图 5-20

5.4　多媒体在网页中的应用

在 Dreamweaver CC 中，不但可以插入图片，还可以插入 Flash 动画等视频文件，这更增加了网页的视觉冲击力。本节将详细介绍多媒体在网页中的应用。

5.4.1 插入并设置 Flash 动画

在 Dreamweaver CC 中，可以将 Flash 动画插入到其中，Flash 动画一般是在 Flash 中完成的。下面详细介绍插入 Flash 动画的操作方法。

第1步 启动 Dreamweaver CC 程序，*1.* 在【插入】面板中选择【媒体】选项，*2.* 单击 Flash SWF 按钮，如图 5-21 所示。

第2步 弹出【选择 SWF】对话框，*1.* 选择准备插入的文件，*2.* 单击【确定】按钮，如图 5-22 所示。

图 5-21   图 5-22

第3步 弹出【对象标签辅助功能属性】对话框，单击【确定】按钮，完成辅助功能属性的设置，如图 5-23 所示。

第4步 按 Ctrl+S 组合键保存文档，再按 F12 键，即可在浏览器中预览添加的 Flash 效果，如图 5-24 所示。

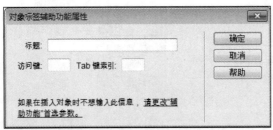

图 5-23   图 5-24

在文档中插入动画之后，选中文档中的 Flash 动画，可以在【属性】面板中设置动画的属性，如图 5-25 所示。

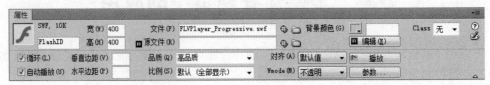

图 5-25

➢ Flash 名称：在该文本框中可以输入当前 Flash 动画的名称，此名称用来标识影片的脚本。

➢ 【高】：在该文本框中，可以输入文档中 Flash 动画的高度。

➢ 【宽】：在该文本框中，可以输入文档中 Flash 动画的宽度。

➢ 【文件】：在该文本框中显示当前 Flash 动画的路径地址。单击文本框右侧的【浏览文件夹】按钮，在弹出的对话框中选择 Flash 动画文件。

➢ 【源文件】：在该文本框中显示当前 Flash 动画的源文件地址。源文件是 Flash 动画发布之前的文件，即 FLA 文件。单击【源文件】文本框右侧的【浏览文件夹】按钮，在弹出的对话框中可以选择 Flash 动画源文件的地址。

➢ 【循环】：可以设置当前 Flash 动画的播放方式。选中此复选框，Flash 动画将循环播放。

➢ 【自动播放】：可以设置当前 Flash 动画的播放方式。选中此复选框，Flash 动画将在打开网页时便开始播放。

➢ 【垂直边距】：在该文本框中输入数值，可以设置当前 Flash 动画距离文档中文本垂直方向的距离。

➢ 【水平边距】：在该文本框中输入数值，可以设置当前 Flash 动画距离文档中文本水平方向的距离。

➢ 【品质】：单击该下拉按钮，在弹出的下拉列表中包括【高品质】、【低品质】、【自动高品质】和【自动低品质】选项，用于设置 Flash 动画显示在浏览器中的效果。

➢ 【比例】：单击该下拉按钮，在弹出的下拉列表中包括【默认】、【无边框】和【严格匹配】选项，用于设置当前 Flash 动画的显示方式。通常情况下，选择【默认】选项。

➢ 【对齐】：单击该下拉按钮，在弹出的下拉列表中包括【默认值】、【基线和底部】、【顶端】、【居中】、【文本上方】、【绝对居中】、【绝对底部】、【左对齐】和【右对齐】选项，用于设置 Flash 动画与文档中的文本的对齐方式。

➢ 【背景颜色】：单击该下拉按钮，在弹出的色板中选择任意色块，作为当前 Flash 动画的背景颜色。

➢ 【编辑】：单击该按钮，将弹出 Flash 编辑器，用来编辑当前 Flash 动画。

➢ 【播放】：单击该按钮，将在文档中播放当前 Flash 动画。当播放 Flash 动画时，【播放】按钮将变成【停止】按钮。

➢ 【参数】：单击该按钮，将弹出【参数】对话框，可以设置当前 Flash 动画。设置完成后，单击【确定】按钮，返回到当前网页文档。

5.4.2　插入 FLV 视频

FLV 是 Flash Video 的简称，是随着 Flash 系列产品推出的一种流媒体格式。由于其形成的文件极小、加载速度极快，使得网络观看视频文件成为可能。FLV 的出现有效地解决了视频文件导入 Flash 后，导出的 SWF 文件体积庞大，不能在网络上很好地使用等问题。

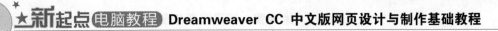

下面详细介绍插入 FLV 视频的操作方法。

第 1 步 启动 Dreamweaver CC 程序，*1.* 在【插入】面板中选择【媒体】选项，*2.* 单击 Flash Video 选项，如图 5-26 所示。

第 2 步 弹出【插入 FLV】对话框，单击 URL 文本框右侧的【浏览】按钮，如图 5-27 所示。

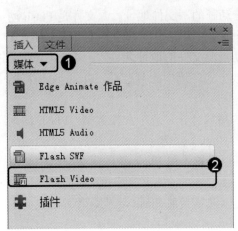

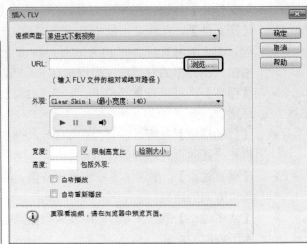

图 5-26   图 5-27

第 3 步 弹出【选择 FLV】对话框，*1.* 选中准备插入的视频文件，*2.* 单击【确定】按钮，如图 5-28 所示。

第 4 步 返回【插入 FLV】对话框，*1.* 在【宽度】和【高度】文本框中输入相应参数，*2.* 单击【确定】按钮，如图 5-29 所示。

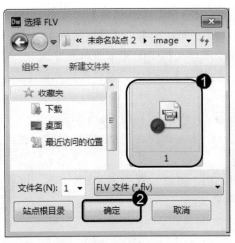

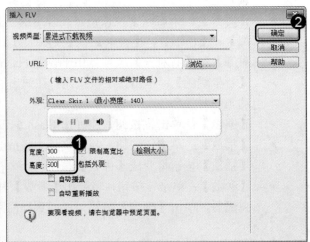

图 5-28   图 5-29

第 5 步 通过以上步骤即可完成插入 Flash Video 的操作，如图 5-30 所示。

图 5-30

5.4.3　插入音乐

网络中最常见的音频是在线音乐预告。在网页中插入音频文件或单击链接，就可以使用 Windows Media Player 或其他播放软件来收听音频。

在 Dreamweaver CC 中，用一般的插件对象将音频嵌入到网页内，该对象只需要知道音频文件的源文件名以及对象的宽度和高度。下面详细介绍插入音乐的操作方法。

第 1 步　启动 Dreamweaver CC 程序，**1.** 在【插入】面板中选择【媒体】选项，**2.** 单击【插件】按钮，如图 5-31 所示。

第 2 步　弹出【选择文件】对话框，**1.** 选择准备插入的音乐文件，**2.** 单击【确定】按钮，如图 5-32 所示。

图 5-31

图 5-32

第 3 步　此时网页中显示一个通用占位符，通过以上步骤即可完成插入音乐的操作，如图 5-33 所示。

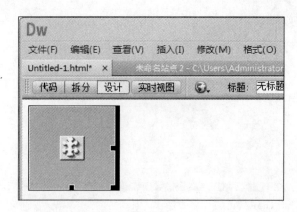

图 5-33

在网页中插入插件后，在【属性】面板中可以设置以下参数，如图 5-34 所示。

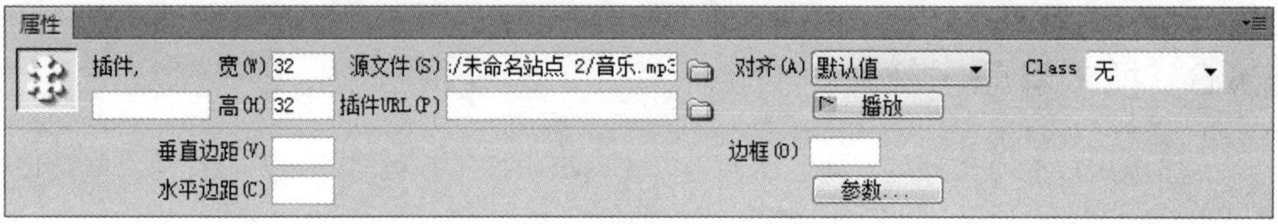

图 5-34

➢ 【插件】：可以输入用于播放媒体对象的插件名称，使该名称可以被脚本引用。

➢ 【宽】：可以设置对象的宽度，默认单位为像素。

➢ 【高】：可以设置对象的高度，默认单位为像素。

➢ 【垂直边距】：设置对象上端和下端与其他内容的间距，单位为像素。

➢ 【水平边距】：设置对象左端和右端与其他内容的间距，单位为像素。

➢ 【源文件】：设置插件内容的 URL 地址，既可以直接输入地址，也可以单击其右侧的【浏览文件夹】按钮，从磁盘中选择文件。

➢ 【插件 URL】：输入插件所在的路径。在浏览网页时，如果浏览器中没有安装该插件，则从此路径下载插件。

➢ 【对齐】：选择插件内容在文档窗口中水平方向的对齐方式。

5.5 实践案例与上机指导

通过本章的学习，读者基本可以掌握使用图像与多媒体丰富网页内容的基本知识以及一些常见的操作方法。下面通过练习操作，达到巩固学习、拓展提高的目的。

5.5.1 插入 HTML5 Video

HTML5 视频元素提供一种将电影或视频嵌入网页的标准方式。在 Dreamweaver CC 中，用户可以通过【插入】面板来实现插入 HTML5 Video 的操作。在 Dreamweaver CC 中插入

HTML5 Video 的方法非常简单，下面详细介绍操作。

第 1 步　启动 Dreamweaver CC 程序，**1.** 在【插入】面板中选择【媒体】选项，**2.** 单击 HTML5 Video 按钮，如图 5-35 所示。

第 2 步　在网页中显示一个占位符，**1.** 选中该占位符，**2.** 在【属性】面板中，单击【源】文本框后的【浏览文件夹】按钮，如图 5-36 所示。

图 5-35　　　　　　　　　　　　　　　　图 5-36

第 3 步　弹出【选择视频】对话框，**1.** 选择准备插入的文件，**2.** 单击【确定】按钮，如图 5-37 所示。

第 4 步　在【属性】面板中，**1.** 在 W 文本框设置视频在页面中的宽度，在 H 文本框设置视频在页面中的高度，**2.** 勾选 Controls 和 AutoPlay 复选框，如图 5-38 所示。

图 5-37　　　　　　　　　　　　　　　　图 5-38

第 5 步　通过以上步骤即可完成插入 HTML5 Video 的操作，如图 5-39 所示。

在 HTML5 视频的【属性】面板中，比较重要的选项功能如下。

➢　ID：用于设置视频的标题。

➢　W：用于设置视频在页面中的宽度。

➢　H：用于设置视频在页面中的高度。

➢　Controls：用于设置是否在页面中显示视频播放控件。

➢　AutoPlay：用于设置是否在网页中自动播放视频。

图 5-39

- ➢ Loop：设置是否在页面中循环播放视频。
- ➢ Muted：设置视频的音频部分是否静音。
- ➢ 【源】：用于设置 HTML5 视频文件的位置。
- ➢ 【Alt 源 1】和【Alt 源 2】：用于设置当【源】文本框中设置的视频格式不被当前浏览器支持时，打开的第 2 种和第 3 种视频格式。
- ➢ 【Flash 回退】：用于设置在不支持 HTML5 视频的浏览器中显示 SWF 文件。

5.5.2 插入 HTML5 Audio

用户还可以在网页中插入 HTML5 Audio，下面详细介绍方法。

第1步 启动 Dreamweaver CC 程序，**1.** 在【插入】面板中选择【媒体】选项，**2.** 单击 HTML5 Audio 按钮，如图 5-40 所示。

第2步 在网页中显示一个占位符，选中该占位符，在【属性】面中，单击【源】文本框后的【浏览文件夹】按钮，如图 5-41 所示。

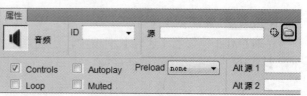

图 5-40　　　　　　　　　　　　　　图 5-41

第3步 弹出【选择音频】对话框，**1.** 选择准备插入的文件，**2.** 单击【确定】按钮，如图 5-42 所示。

第 4 步　通过以上步骤即可完成插入 HTML5 Audio 的操作，如图 5-43 所示。

图 5-42

图 5-43

5.6　思考与练习

一、填空题

1. 网页中的图像常用格式通常有 3 种，即＿＿＿＿＿＿图像、＿＿＿＿＿＿图像和 PNG 格式图像，其中使用最广泛的是＿＿＿＿＿＿和＿＿＿＿＿＿格式的图像。

2. JPG/JPEG 可译为＿＿＿＿＿＿，是一种压缩格式的图像。JPG/JPEG 支持 24 位真彩色，普遍用于显示＿＿＿＿＿＿和其他＿＿＿＿＿＿的高级格式。

3. GIF 格式图像，可译为＿＿＿＿＿＿，是一种无损压缩格式的图像。GIF 不能用于存储＿＿＿＿＿＿，适合大面积单一颜色的图像，如导航条、按钮、图标等。其压缩率一般在＿＿＿＿＿＿左右，它不属于任何应用程序。

4. PNG 可译为＿＿＿＿＿＿，是一种格式非常灵活的图像，用于在 WWW 上无损压缩和显示图像。PNG 图像支持多种颜色数目，从 8 位、＿＿＿＿＿＿、＿＿＿＿＿＿到 32 位。

二、判断题

1. 图像是网页中不可缺少的元素之一，为了使图像内容更加丰富，方便浏览者的浏览，可以将图像插入到网页中。　　　　　　　　　　　　　　　　　　　　（　　）

2. 要在 Dreamweaver CC 文档中插入图像，图像文件必须位于当前站点文件夹内或远程站点文件夹内，否则图像不能正确显示。所以在建立站点时，设计者常先创建一个名叫 image 的文件夹，并将需要的文件复制到其中。　　　　　　　　　　　（　　）

3. 背景图像是网页中的另外一种图像方式，该方式的图像既影响文件输入，也影响插入式图像的显示。　　　　　　　　　　　　　　　　　　　　　　　　　　（　　）

4. 当网页文件中包括图像文件和文本时，需要对图像进行对齐设置。图像的对齐方式

包括【左对齐】、【居中对齐】、【右对齐】3 种。 （ ）

5. 在图像的【属性】面板中，【源】文本框中显示了当前图像文件的地址，单击文本框后面的【浏览文件夹】按钮，可以重新设置当前图像文件的地址。 （ ）

三、思考题

1. 如何在 Dreamweaver CC 中插入 HTML5 Video？
2. 如何在 Dreamweaver CC 插入 HTML5 Audio？

第 6 章

网页超级链接

本章要点

- 超级链接
- 链接路径
- 创建超级链接
- 创建不同种类的超链接
- 管理与设置超级链接

本章主要内容

本章主要介绍超级链接、链接路径、创建超级链接、创建不同种类的超链接、管理与设置超级链接方面的知识与技巧。在本章的最后，还针对实际的工作需求，讲解了创建锚记链接、制作文件下载链接的方法。通过本章的学习，读者可以掌握 Dreamweaver CC 网页超级链接方面的知识，为深入学习 Dreamweaver CC 奠定基础。

6.1　超　级　链　接

超链接构成网站最为重要的部分。单击网页中的超链接，即可转到相应的网页；在网页上创建超链接，即可将网站上的网页联系起来。本节将详细介绍超链接方面的知识。

6.1.1　超链接的定义

网络中的一个个网页是通过超链接的形式关联在一起的，可以说超链接是网页中最重要、最根本的元素。超级链接的作用是在 Internet 上建立从一个位置到另一个位置的链接。

超链接由源端点和目标端点两部分组成，其中设置了链接的一端称为源端点，跳转到的页面或对象称为链接的目标端点。当访问者单击超链接时，浏览器会到相应的目标地址检索网页并显示在浏览器中。

超链接与 URL 及网页文件的存放路径是紧密相关的。URL 可以简单地称为网址，顾名思义，就是 Internet 文件在网上的地址，定义超链接其实就是指定一个 URL 地址来访问指向的 Internet 资源。

在 Dreamweaver CC 中，用户可以创建下列几种类型的链接。

> ➢　页面链接：利用该链接可以跳转到其他文档或文件，如图形、PDF 或声音文件等。
> ➢　页内容链接：也称为锚记链接，利用该链接可以跳转到本站点指定文档的位置。
> ➢　E-mail 链接：使用 E-mail 链接可以启动电子邮件程序，允许用户书写电子邮件，并发送到指定地址。
> ➢　空链接及脚本链接：空链接与脚本链接允许用户附加行为至对象或创建一个执行 JavaScript 代码的链接。

6.1.2　内部、外部与脚本链接

常规超链接包括内部超链接、外部超链接和脚本链接 3 种，下面详细介绍设置这 3 种超链接的操作方法。

1. 内部超链接

选中准备设置超链接的文本或图像后，在【属性】面板的【链接】文本框中输入要链接对象的相对路径，一般使用【指向文件】和【浏览文件夹】的方法创建，如图 6-1 所示。

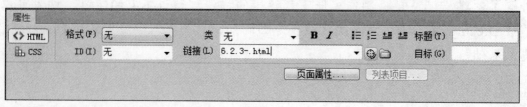

图 6-1

2. 外部超链接

外部超链接是指目标端点位于其他网站中，通过其可跳转到其他网站的超链接。外部超链接只能采用一种方法设置。下面详细介绍其操作方法。

选中准备设置超链接的文本或图像后，在【属性】面板的【链接】文本框中输入准备链接网页的网址，如图 6-2 所示。

图 6-2

3. 脚本超链接

脚本超链接就是通过脚本控制链接。一般而言，脚本链接可以用来执行计算、表单验证和其他操作。下面详细介绍其操作方法。

选择文档窗口中的文本或图像，在【属性】面板的【链接】文本框中输入"JavaScript：window.close{}"，即可完成脚本链接，如图 6-3 所示。

图 6-3

6.2 链 接 路 径

了解从作为链接起点的文档，到作为链接目标的文档之间的文件路径，对于创建链接至关重要。链接路径有 3 种形式，即绝对路径、相对路径和站点根目录路径。不过，当创建本地链接时，通常不指定要链接到的文档的完整 URL，而是指定一个始于当前文档或站点根文件夹的相对路径。

6.2.1 绝对路径

绝对路径提供所连接文档的完整 URL，而且包括所使用的协议(对于 Web 页，使用 http://)，例如，http:///www.macromedia.com/support/dreamweaver/contents.html 就是一个绝对路径。尽管对本地链接(即到同一站点内文档的链接)也可使用绝对路径链接，但不建议采用这种方式，因为一旦将此站点移动到其他域，则所有本地绝对路径链接都将断开。对本地链接使用相对路径，能在需要站点内移动文件时，提供更大的灵活性。

绝对路径也会出现在尚未保存的网页上。在没有保存的网页上插入图像或添加链接，Dreamweaver 会暂时使用绝对路径。

使用绝对路径与链接的源端点无关，只要目标站点地址不变，无论文档在站点中如何移动，都可以正常实现跳转而不会发生错误。如果想要链接当前站点之外的网页或在网站，就必须使用绝对路径。

6.2.2 相对路径

相对路径包括根目录相对路径(Site Root)和文档相对路径(Document)两种。本节详细介绍文档相对路径的相关知识。

文档相对路径就是指包含当前文件的文件夹，也就是以当前网页所在文件夹为基础来计算的路径。

文档相对路径对于大多数 Web 站点的本地链接，是最实用的路径。在当前文档与所连接文档处于同一文件夹内，而且可能会一直保持这种状态的情况下，文档相对路径特别有用。

文档相对路径还可用来链接到其他文件夹中的文档，方法是利用文件夹层次结构，指定从当前文档到所链接的文档的路径。

文档相对路径是省略掉对于当前文档和所链接的文档都相同的绝对 URL 部分，而只提供不同的路径部分。

6.2.3 站点根目录相对路径

使用 Dreamweaver 制作网页时，需要选定一个文件夹来定义一个本地站点，模拟服务器上的根文件夹，系统会根据这个文件夹来确定所有链接的本地文件位置，而根目录相对路径中的根就是指这个文件夹。

站点根目录相对路径提供从站点的根文件夹到文档的路径。如果在使用多个服务器的大型 Web 站点，或者在使用承载多个不同站点的服务器，则可能需要使用这些类型的路径；如果不熟悉此类型的路径，最好坚持使用文档相对路径。

站点根目录相对路径以一个斜杠开始，该斜杠表示站点根文件夹。例如，/support/tips.html 是文件(tips.html)的站点根目录相对路径，该文件位于站点根文件夹的 support 子文件夹中。

在某些 Web 站点中，需要经常在不同文件夹之间移动 HTML 文件，在这种情况下，站点根目录相对路径通常是指定链接的最佳方法。

如果移动或重命名根目录相对链接所链接的文档，即便文档之间的相对路径没有改变，仍必须更新这些链接。例如，如果移动某个文件夹，则指向该文件夹中文件的所有根目录相对链接都必须更新。

6.3 创建超级链接

创建超链接的方法很简单，本节将详细介绍这方面的知识。

6.3.1　使用【指向文件】按钮创建链接

在 Dreamweaver CC 中，可以使用指向文件图标创建链接。

在 Dreamweaver CC 界面下方的【属性】面板中，找到【指向文件】按钮，单击并拖动它到站点窗口的目标文件后释放鼠标，即可完成使用【指向文件】按钮创建超链接的操作，如图 6-4 所示。

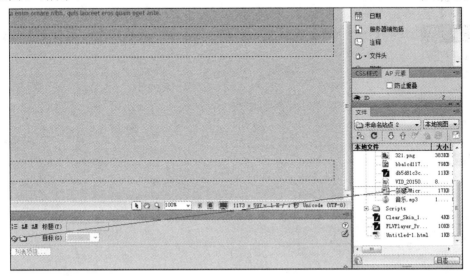

图 6-4

6.3.2　使用【属性】面板创建链接

【浏览文件夹】按钮和【链接】文本框可用于创建图像、对象或文本到其他文档或文件的链接。

在 Dreamweaver CC 界面下方的【属性】面板【链接】文本框中输入准备链接的路径，即可完成使用【属性】面板创建连接的操作，如图 6-5 所示。

图 6-5

6.4　创建不同种类的超链接

常见的超链接一般包括文本超链接、图像热点链接、空链接、电子邮件链接、脚本链接等。下面详细介绍各种链接的操作方法。

6.4.1 文本超链接

文本超链接是网页文件中最常用的链接，单击文本链接，将触发文本链接所链接的文件，使用文本链接创建链接的文件对象可以是网页、图像等。下面详细介绍创建文本超链接的操作方法。

第1步 选中准备设置链接的文本，在【属性】面板中单击【链接】文本框右侧的【浏览文件夹】按钮□，如图 6-6 所示。

第2步 打开【选择文件】对话框，*1.* 选中准备链接的文件，*2.* 单击【确定】按钮，如图 6-7 所示。

图 6-6

图 6-7

第3步 按 Ctrl+S 组合键保存网页，按 F12 键在浏览器中查看链接效果，如图 6-8 所示。

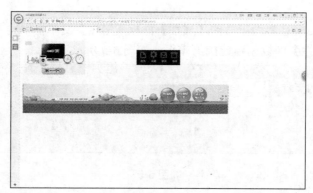

图 6-8

6.4.2 图像热点链接

利用图像【属性】面板中的绘图工具，可以直接在网页的图像上绘制用来激活超链接的热区，再通过热区添加链接，达到创建图像热点链接的目的。下面详细介绍创建图像热点链接的操作方法。

第1步　选中准备设置链接的图像，在【属性】面板中单击【矩形热点工具】按钮▢，如图 6-9 所示。

第2步　在图像上绘制图像热区，*1.* 在【属性】面板中的【链接】文本框中输入目标网页网址，*2.* 在【目标】下拉列表中选择 new 选项，如图 6-10 所示。

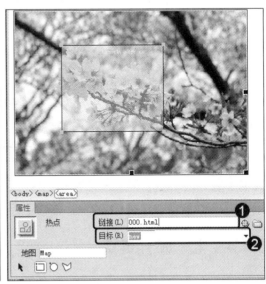

图 6-9　　　　　　　　　　　　　　　　图 6-10

第3步　保存网页，按 F12 键进行预览，通过以上步骤即可完成设置图像热点链接的操作，如图 6-11 所示。

图 6-11

6.4.3　空链接

空链接是未指派对象的链接，用于向页面中的对象或文本附加行为，可以设置空链接的对象包括文本对象、图像对象、热点对象等。下面详细介绍创建空链接的操作方法。

第1步　启动 Dreamweaver CC 程序，选中准备设置链接的文本，在【属性】面板下的【链接】文本框中输入半角状态下的"#"，如图 6-12 所示。

第2步 按 Enter 键即可完成输入空链接的操作，如图 6-13 所示。

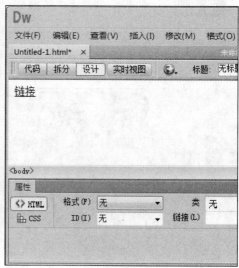

图 6-12　　　　　　　　　　　　　　　　图 6-13

6.4.4　电子邮件链接

创建电子邮件链接能够方便网页浏览者发送电子邮件，访问者只需要单击该链接，即可启用操作系统本身自带的收发邮件程序。下面详细介绍创建电子邮件链接的操作方法。

第1步 将光标定位于网页文档中，*1.* 在【插入】面板中选择【常用】选项，*2.* 单击【电子邮件链接】按钮，如图 6-14 所示。

第2步 弹出【电子邮件链接】对话框，*1.* 在【文本】文本框中输入说明内容，*2.* 在【电子邮件】文本框中输入电子邮件地址，*3.* 单击【确定】按钮，即可完成创建电子邮件链接的操作，如图 6-15 所示。

图 6-14

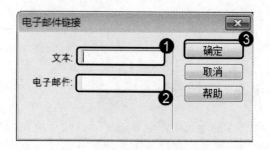

图 6-15

6.4.5 脚本链接

脚本是使用一种特定的描述性语言，依据一定的格式编写的可执行文件，又称作宏或批处理文件。脚本超链接执行 JavaScript 代码或调用 JavaScript 函数。脚本超链接非常有用，能够在不离开当前网页文档的情况下为访问者提供有关某项的附加信息。脚本超链接还可以用于在访问者单击特定项时，执行计算、表单验证和其他操作。下面详细介绍创建脚本链接的操作方法。

第1步 启动 Dreamweaver CC 程序，在【属性】面板的【链接】文本框中输入 "javascript:window.close"，如图 6-16 所示。

图 6-16

第2步 保存网页，按 F12 键进行预览，通过以上步骤即可完成设置脚本链接的操作，如图 6-17 所示。

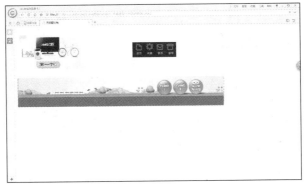

图 6-17

6.5 管理与设置超级链接

在 Dreamweaver CC 中，可以对超链接进行管理，如检查或自动更新链接。通过管理网页中的超链接，也可以对网页进行相应的管理。本节将详细介绍管理超链接方面的知识。

6.5.1 自动更新链接

每当在本地站点内移动或重命名文档时，Dreamweaver 都可更新起自以及指向该文档的链接。在将整个站点(或其中完全独立的一个部分)存储在本地磁盘上时，此项功能最实用。Dreamweaver 不更改远程文件夹中的文件，除非将这些本地文件放在或者存回到远程服务器上。

为了加快更新过程，Dreamweaver 可创建一个缓存文件，用于存储本地文件夹中所有链接的信息。在添加、更改或删除本地站点上的链接时，该缓存文件以不可见的方式进行更新。下面详细介绍自动更新链接的操作方法。

第1步 启动 Dreamweaver CC 程序，**1.** 在菜单栏中选择【编辑】菜单，**2.** 在弹出的菜单中选择【首选项】菜单项，如图 6-18 所示。

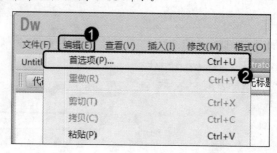

图 6-18

第2步 弹出【首选项】对话框，**1.** 在【分类】列表框中选择【常规】选项，**2.** 在【文档选项】区域中单击【移动文件时更新链接】下拉按钮，选择【总是】选项，单击【确定】按钮即可完成自动更新链接的操作，如图 6-19 所示。

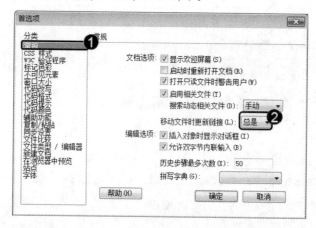

图 6-19

6.5.2 在站点范围内更改链接

除每次移动或重命名文件时让 Dreamweaver 自动更新链接外，还可以手动更改所有链接(包括电子邮件、FTP 链接、空链接和脚本链接)，使其指向其他位置。下面详细介绍在站点范围内更改链接的操作方法。

第1步 启动 Dreamweaver CC 程序，在【文件】面板的【本地文件】区域中选择一个文件，如图 6-20 所示。

第2步 **1.** 在菜单栏中选择【站点】菜单，**2.** 弹出的下拉菜单中选择【改变站点范围的链接】菜单项，如图 6-21 所示。

图 6-20

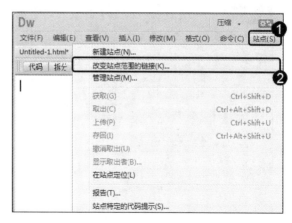

图 6-21

第 3 步　弹出【更改整个站点链接】对话框，**1.** 在【变成新链接】文本框中输入准备链接的文件，**2.** 单击【确定】按钮，即可完成在站点范围内更改链接的操作，如图 6-22所示。

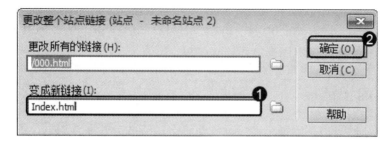

图 6-22

6.5.3　检查站点中的链接错误

在 Dreamweaver CC 中，还可以检查站点中的链接错误，下面详细介绍操作方法。

第 1 步　启动 Dreamweaver CC 程序，**1.** 在菜单栏中单击【站点】菜单，**2.** 在弹出的下拉菜单中选择【检查站点范围的链接】菜单项，如图 6-23 所示。

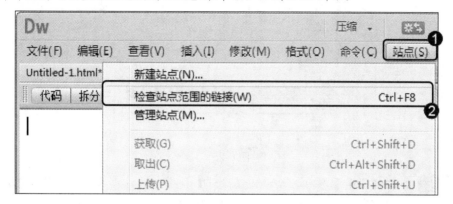

图 6-23

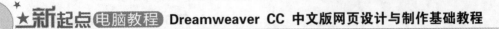

第2步 打开【链接检查器】面板，在【显示】下拉列表中包括【断掉的链接】、【外部链接】和【孤立的文件】3 个选项，选中任何一项，即可检查相应的信息，如图 6-24 所示。

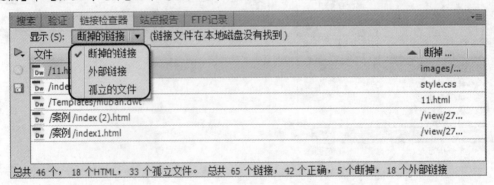

图 6-24

6.6 实践案例与上机指导

通过本章的学习，读者基本可以掌握网页超链接的基本知识以及一些常见的操作方法，下面通过练习操作，以达到巩固学习、拓展提高的目的。

6.6.1 创建锚记链接

用户还可以在网页中创建锚记链接。创建锚记链接的方法非常简单，下面详细介绍操作方法。

第1步 单击【拆分】按钮，显示【拆分】视图，在界面左侧的【代码】视图中输入"<a name=" top" href=" index.html#top" >"，命名一个锚点，如图 6-25 所示。

图 6-25

第2步 单击【设计】按钮，切换回【设计】视图，选中文本 top，单击【属性】面板【链接】文本框后的【浏览文件夹】按钮，如图 6-26 所示。

图 6-26

第3步 弹出【选择文件】对话框，**1.** 选中准备添加的文件，**2.** 单击【确定】按钮，如图 6-27 所示。

第4步 在【属性】面板的【链接】文本框中添加 "#top"，如图 6-28 所示。

图 6-27

图 6-28

第5步 将网页保存，按 F12 键浏览网页，单击 top 文本，网页将跳转到添加的链接，如图 6-29 所示。

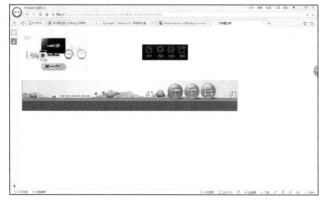

图 6-29

6.6.2 制作文件下载链接

在软件和源代码下载网站中，下载链接是必不可少的，该链接可以帮助访问者下载相关的资料。下面介绍在 Dreamweaver CC 中创建下载链接的方法。

第1步 选中网页中需要设置下载链接的元素，在【属性】面板中单击【链接】文本框后的【浏览文件夹】按钮，如图 6-30 所示。

第2步 弹出【选择文件】对话框，**1.** 选中一个文件，**2.** 单击【确定】按钮，如图 6-31 所示。

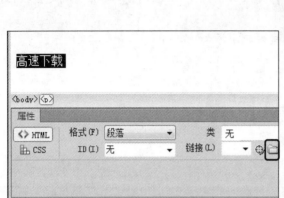

图 6-30

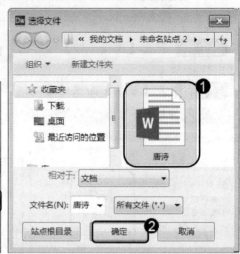

图 6-31

第3步 单击【属性】面板中的【目标】下拉列表框，在弹出的下拉列表中选择 new 选项，如图 6-32 所示。

图 6-32

第4步 保存网页，按 F12 键预览网页，单击页面中文件下载链接，在浏览器中打开的【新建下载任务】对话框中单击【下载】按钮即可下载文件，如图 6-33 所示。

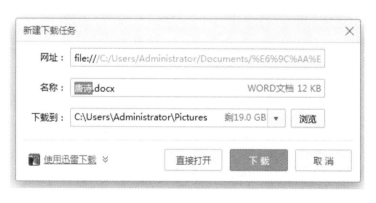

图 6-33

6.7　思考与练习

一、填空题

1.　网络中的一个个网页是通过＿＿＿＿＿＿的形式关联在一起的，可以说超链接是网页中最重要、最根本的元素之一，＿＿＿＿＿＿的作用是在 Internet 上建立从一个位置到另一个位置的链接。

2.　超链接由＿＿＿＿＿＿和＿＿＿＿＿＿两部分组成，其中设置了链接的一端称为＿＿＿＿＿＿，跳转到的页面或对象称为链接的＿＿＿＿＿＿。当访问者单击超链接时，浏览器会从相应的目标地址检索网页并显示在浏览器中。

3.　在 Dreamweaver CC 中，用户可以创建＿＿＿＿＿＿、＿＿＿＿＿＿、电子邮件链接、空链接、＿＿＿＿＿＿等。

4.　常规超链接包括＿＿＿＿＿＿、＿＿＿＿＿＿和＿＿＿＿＿＿ 3 种。

二、判断题

1.　外部超链接是指目标端点位于其他网站中，通过其可跳转到其他网站的超链接。外部超链接只能采用一种方法设置。　　　　　　　　　　　　　　　　　　（　　）

2.　脚本超链接就是通过脚本控制链接，脚本链接只可以用来执行计算、表单验证。（　　）

3.　每个网页都有一个唯一的地址，称作统一资源定位器(URL)。　　　　　　（　　）

4.　绝对路径与链接的源端点无关，只要目标站点地址不变，无论文档在站点中如何移动，都可以正常实现跳转而不会发生错误。　　　　　　　　　　　　　　　　（　　）

5.　相对路径包括根目录相对路径和文档相对路径两种。文档相对路径就是指包含当前文件的文件夹，也就是以当前网页所在文件夹为基础来计算的路径。　　　　　（　　）

三、思考题

1.　如何在 Dreamweaver CC 中创建锚记链接？

2.　如何在 Dreamweaver CC 中创建文件下载链接？

第 7 章

使用表格布局页面

本章要点

- 表格的创建与应用
- 设置表格和单元格属性
- 调整表格结构
- 处理表格数据
- 应用表格数据样式控制

本章主要内容

本章主要介绍表格的创建与应用、设置表格和单元格属性、调整表格结构、处理表格数据、应用表格数据样式控制方面的知识与技巧。在本章的最后，还针对实际的工作需求，讲解了在表格中插入图像、插入表格、制作细线表格的方法。通过本章的学习，读者可以掌握使用表格布局网页方面的知识，为深入学习 Dreamweaver CC 奠定基础。

7.1 表格的创建与应用

表格是网页设计中最有用、最常用的工具。除了排列数据和图像外，在网页布局中，表格更多地用于网页对象定位。本节将详细介绍创建与应用表格方面的知识。

7.1.1 表格的定义与用途

表格是由一些粗细不同的横线和竖线构成的，由横线和竖线相交形成的一个个方格称为单元格。单元格是表格的基本单位，每一个单元格都是一个独立的文本输入区域，可以输入文字和图形，并可单独进行排版和编辑，如图 7-1 所示。

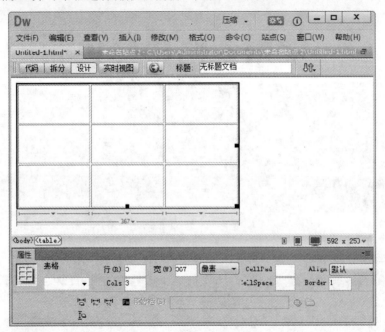

图 7-1

表格的用途包括以下几个方面。

1. 有序地整理页面内容

一般文档中的复杂内容可以利用表格有序地进行整理，在网页中也不例外。在网页文档中利用表格，可以将复杂的页面元素整理得更加有序。

2. 合并页面中的多个图像

在制作网页时，有时需要使用较大的图像，在这种情况下最好将图像分割成几个部分以后再插入到网页中，分割后的图像可以利用表格合并起来。

3. 构建网页文档的布局

在制作网页文档的布局时，可以选择是否显示表格。大部分网页的布局都是用表格形成，但由于可以不显示表格边框，因此访问者觉察不到主页的布局由表格形成这一特点。利用表格，可以根据需要拆分或合并文档的空间，随意地布置各种元素。

7.1.2 创建基本表格

表格是设计制作网页时不可缺少的元素，其以简洁明了和高效快捷的方式将图片、文本、数据和表单等元素有序地显示在页面上。下面详细介绍插入表格的方法。

第1步 启动 Dreamweaver CC 程序，*1.* 在菜单栏选择【插入】菜单，*2.* 在弹出的下拉菜单中选择【表格】菜单项，如图 7-2 所示。

第2步 弹出【表格】对话框，*1.* 在【行数】和【列】文本框中输入数值，*2.* 在【表格宽度】文本框中输入数值，*3.* 在【边框粗细】文本框中输入数值，*4.* 单击【确定】按钮，如图 7-3 所示。

图 7-2

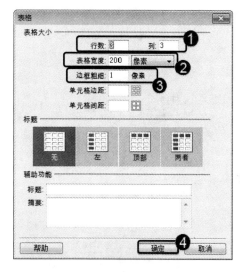

图 7-3

第3步 通过以上步骤即可完成创建表格的操作，如图 7-4 所示。

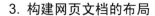

图 7-4

在【表格】对话框中，可以进行以下设置。

- ➤ 【行数】：该文本框用来设置表格的行数。
- ➤ 【列】：该文本框用来设置表格的列数。
- ➤ 【表格宽度】：该文本框用来设置表格的宽度，可以输入数值。紧随其后的下拉列表框用来设置宽度的单位，两个选项分别为【百分比】和【像素】。当宽度的单位选择【百分比】时，表格的宽度会随浏览器窗口的大小而改变。
- ➤ 【边框粗细】：用来设置表格边框的宽度。
- ➤ 【单元格边距】：该文本框用来设置单元格内部空白的大小。
- ➤ 【单元格间距】：该文本框用来设置单元格与单元格之间的距离。
- ➤ 【标题】：定义表格的标题。
- ➤ 【摘要】：可以在这里对表格进行注释。

7.1.3 向表格中输入文本

在表格中输入文本与在网页文档中输入文本的方法相同。首先，需要将光标定位在准备输入文本的单元格中，选择需要的输入法，输入相关文本。如果文本超出了单元格的大小，单元格会自动扩展，如图 7-5 所示。

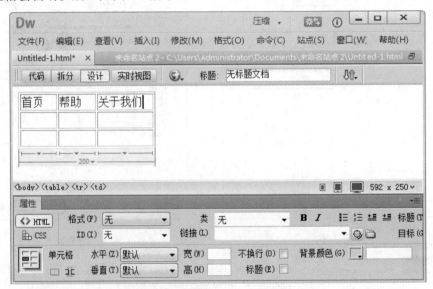

图 7-5

7.1.4 在单元格中插入图像

在表格中插入图像的方法与在网页文档中插入图像的方法相同。首先，将光标定位在准备插入图像的单元格中，然后插入图像文件，如果图像超出了单元格大小，单元格会自动扩展。下面详细介绍在单元格中插入图像的方法。

第1步 将光标定位在表格中，**1.** 在菜单栏选择【插入】菜单，**2.** 在弹出的菜单中选择【图像】菜单项，**3.** 在弹出的子菜单中选择【图像】菜单项，如图 7-6 所示。

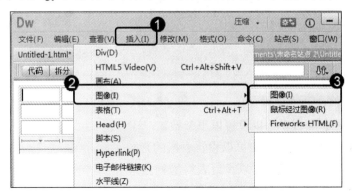

图 7-6

第2步 弹出【选择图像源文件】对话框，**1.** 选择准备插入的图像，**2.** 单击【确定】按钮，如图 7-7 所示。

第3步 通过以上步骤即可完成在表格中插入图像的操作，如图 7-8 所示。

图 7-7

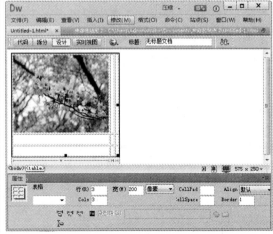

图 7-8

7.2　设置表格和单元格属性

对于插入的表格，可以通过设置表格和单元格属性来满足网页设置的需要。本节将详细介绍设置表格以及单元格属性方面的知识。

7.2.1　设置表格属性

在文档中插入表格之后，选中当前表格，在【属性】面板中可以对表格进行相关设置，

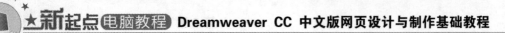

如图 7-9 所示。

图 7-9

在表格【属性】面板中可以设置以下参数。

➢ 【行】：在该文本框中可以设置表格的行数。

➢ Cols：在该文本框中可以设置表格的列数。

➢ 【宽】：在该文本框中可以设置表格的宽度。单击文本框右侧的下拉按钮，在弹出的列表中可以选择表格宽度的单位。

➢ Align：可以设置表格相对于同一段落中其他元素的显示位置。单击下拉按钮，在弹出的列表中可以选择【默认】、【左对齐】、【右对齐】和【居中对齐】4 个选项。

➢ Class：在该下拉列表中可以将 CSS 规则应用于对象。

➢ Border：在该文本框中可以设置表格边框宽度的数值。

➢ 表格设置区域：其中包括【清除列宽】按钮，用于清除表格中设置的列宽；【将表格宽度设置成像素】按钮，用于将当前表格的宽度单位转换为像素；【将表格当前宽度转换成百分比】按钮，用于将当前表格的宽度单位转换为文档窗口的百分比单位；【清除行高】按钮，用于清除表格中设置的行高。

7.2.2 设置单元格属性

在 Dreamweaver CC 中，不但可以设置整个表格的属性，还可以设置每个单元格的属性。将光标定位在任意单元格内，即可切换至单元格【属性】面板，如图 7-10 所示。

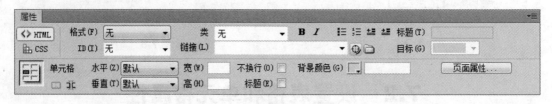

图 7-10

在单元格【属性】面板中可以设置以下参数。

➢ 【不换行】：选中【不换行】复选框，可以将单元格中所输入的文本显示在同一行，防止文本换行。

➢ 【标题】：选中【标题】复选框，可以将单元格中的文本设置为表格的标题。默认情况下，表格标题显示为粗体。

➤ 【水平】：单击【水平】下拉按钮，在弹出的列表中选择任意选项，用于设置单元格内容的水平对齐方式。

➤ 【垂直】：单击【垂直】下拉按钮，在弹出的列表中选择任意选项，用于设置单元格内容的垂直对齐方式。

➤ 【宽】和【高】：在【宽】和【高】文本框中输入表格宽度和高度的数值。

➤ 【背景颜色】：单击该下拉按钮，在弹出的色板中选择相应的色块。

➤ 【页面属性】：单击【页面属性】按钮，可以弹出【页面属性】对话框，用于设置网页文档的属性。

7.3　调整表格结构

表格是由若干的行和列组成，行列交叉的区域为单元格。一般以单元格为单位来插入网页元素，也可以行和列为单位来修改性质相同的单元格。在网页中，可以对表格进行编辑与调整，从而美化表格。下面详细介绍调整表格结构的操作方法。

7.3.1　选择表格和单元格

在 Dreamweaver CC 中编辑表格之前，需要先将其选中。下面详细介绍几种选择表格及单元格的操作方法。

1. 选择表格

启动 Dreamweaver CC 程序，单击表格上的任意一个边线框，当鼠标指针变为 ⊞ 时，单击即可选择整个表格，如图 7-11 所示；或者将光标置于表格内的任意位置，在菜单栏中选择【修改】菜单，在弹出的菜单中选择【表格】菜单项，在弹出的子菜单中选择【选择表格】菜单项，如图 7-12 所示。

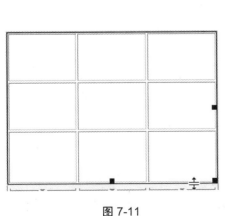

图 7-11

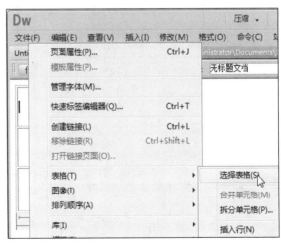

图 7-12

将鼠标指针移动到表格的上边框或下边框，当鼠标指针编程网页形状时，单击即可选中全部表格，如图 7-13 所示；将鼠标指针移动到表格内部并右击，在弹出的快捷菜单中选择【表格】菜单项，在弹出的子菜单中选择【选择表格】菜单项，也可选择全部表格，如图 7-14 所示。

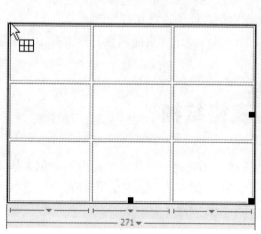

图 7-13

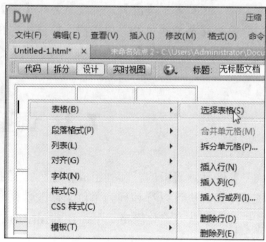

图 7-14

2. 选择单元格

在 Dreamweaver CC 中，还可以选择一个或几个单元格，下面详细介绍几种选择单元格的方法。

> 选择单个单元格：将鼠标指针移动到表格区域中，当指针变成 形状时单击，即可选中所需要的单元格，如图 7-15 所示。

> 选择不连续的单元格：将鼠标指针移动到表格区域，按住 Ctrl 键，当鼠标指针变成 形状时单击，即可选择多个不连续的单元格，如图 7-16 所示。

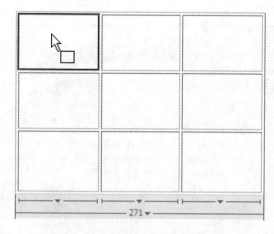

图 7-15

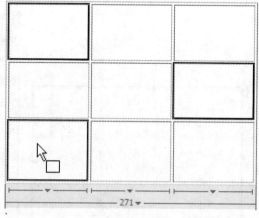

图 7-16

> 选择连续单元格：将光标定位于单元格内，单击并拖动鼠标指针，即可选择连续的单元格，如图 7-17 所示。

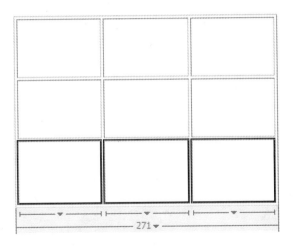

图 7-17

7.3.2　调整单元格和表格的大小

所谓调整表格大小，指的是更改表格的整体高度和宽度。当调整整个表格的大小时，表格中的所有单元格按比例更改大小。下面详细介绍调整表格和单元格大小的操作方法。

1. 调整表格大小

当用户选中网页中的表格后，在表格右下角将显示 3 个控制点，通过拖动这 3 个控制点可以将表格横向、纵向或者整体放大，具体操作方法有以下几种。

➢ 将鼠标指针放在右侧的控制点上，显示为水平调整指针 ⬌，拖动鼠标可以在水平方向上调整表格的大小，如图 7-18 所示。

➢ 将鼠标指针放在底部的控制点上，显示为垂直调整指针 ↕，拖动鼠标可以在垂直方向上调整表格的大小，如图 7-19 所示。

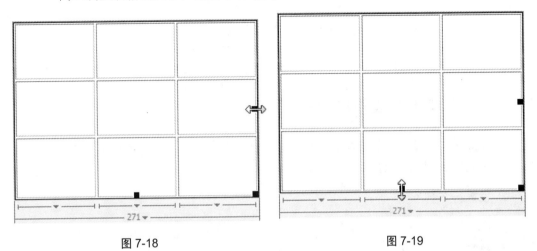

图 7-18　　　　　　　　　　　　图 7-19

➢ 将鼠标指针放在右下角的控制点上，显示为沿对角线调整指针，拖动鼠标可以在水平和垂直两个方向调整表格的大小，如图 7-20 所示。

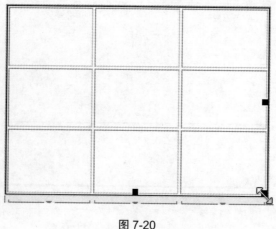

图 7-20

2. 调整单元格大小

选中准备调整大小的单元格,在【属性】面板的【宽】和【高】文本框中输入新的数值,即可完成调整单元格大小的操作,如图 7-21 所示。

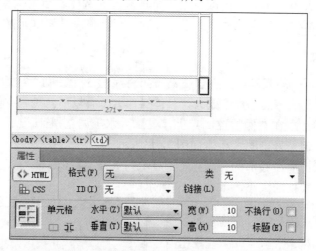

图 7-21

7.3.3 插入与删除表格的行和列

如果表格对象的单元格区域不足或多余,可以对表格对象进行增加或删除行和列的操作,下面详细介绍操作方法。

1. 插入行与列

插入行与列的操作可以在【修改】菜单中进行,下面详细介其操作方法。

第1步 绘制一个 3 行 3 列的表格,将光标放置在第 1 行的单元格中,**1.** 在菜单栏中选择【修改】菜单,**2.** 在弹出的菜单中选择【表格】菜单项,**3.** 在弹出的子菜单中选择【插入行】菜单项，如图 7-22 所示。

第2步　通过以上步骤即可完成插入行的操作，如图 7-23 所示。

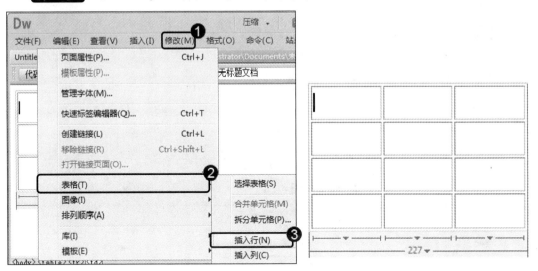

图 7-22　　　　　　　　　　　　　　　　　　　图 7-23

第3步　将光标放置在第 2 列的单元格中，*1.* 在菜单栏中选择【修改】菜单，*2.* 在弹出的菜单中选择【表格】菜单项，*3.* 在弹出的子菜单中选择【插入列】菜单项，如图 7-24 所示。

第4步　通过以上步骤即可完成插入列的操作，如图 7-25 所示。

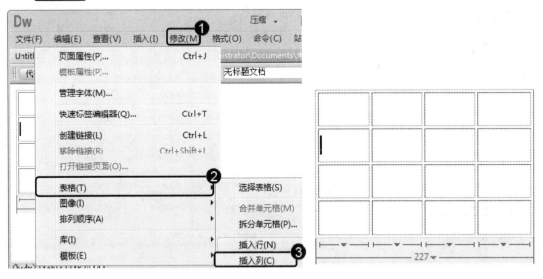

图 7-24　　　　　　　　　　　　　　　　　　　图 7-25

2. 删除行与列

删除行与列的操作非常简单，统一格式在【修改】菜单中完成，下面介绍详细的操作方法。

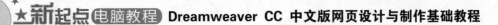

第1步 将光标放置在任意的单元格中，*1.* 在菜单栏中选择【修改】菜单，*2.* 在弹出的菜单中选择【表格】菜单项，*3.* 在弹出的子菜单中选择【删除行】菜单项，如图 7-26 所示。

第2步 通过以上步骤即可完成删除行的操作，如图 7-27 所示。

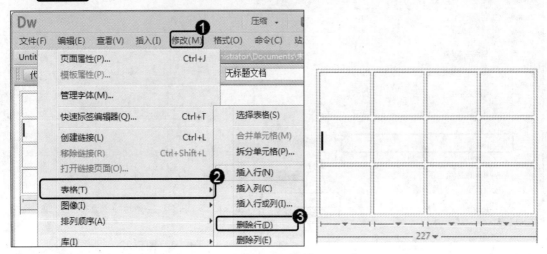

图 7-26　　　　　　　　　　　　　　　　图 7-27

第3步 将光标放置在任意的单元格中，*1.* 在菜单栏中选择【修改】菜单，*2.* 在弹出的菜单中选择【表格】菜单项，*3.* 在弹出的子菜单中选择【删除列】菜单项，如图 7-28 所示。

第4步 通过以上步骤即可完成删除列的操作，如图 7-29 所示。

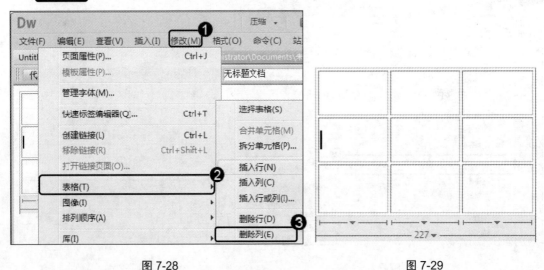

图 7-28　　　　　　　　　　　　　　　　图 7-29

7.3.4　拆分单元格

在制作表格的过程中，可以对单元格进行拆分，从而达到理想的效果。下面详细介绍拆分单元格的操作。

第1步　绘制一个 3 行 3 列的表格，将光标放置在第 1 行的单元格中，**1.** 在菜单栏中选择【修改】菜单，**2.** 在弹出的菜单中选择【表格】菜单项，**3.** 在弹出的子菜单中选择【拆分单元格】菜单项，如图 7-30 所示。

第2步　弹出【拆分单元格】对话框，**1.** 在【行数】文本框中输入数值，**2.** 单击【确定】按钮，如图 7-31 所示。

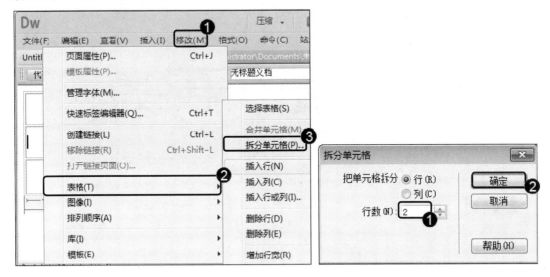

图 7-30　　　　　　　　　　　图 7-31

第3步　通过以上步骤即可完成单元格的拆分设置，如图 7-32 所示。

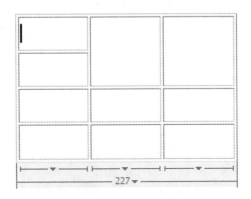

图 7-32

7.3.5　合并单元格

合并单元格就是将多个单元格合并成一个单元格。在进行合并单元格的时候，需要先将其选中，下面详细介绍操作方法。

第1步　选中准备合并的单元格，**1.** 在菜单栏中选择【修改】菜单，**2.** 在弹出的菜单中选择【表格】菜单项，**3.** 在弹出的子菜单中选择【合并单元格】菜单项，如图 7-33 所示。

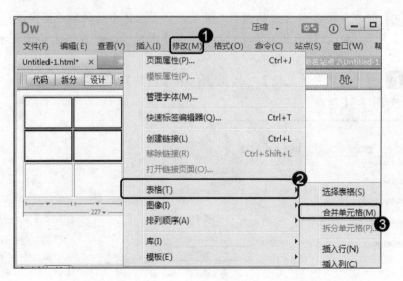

图 7-33

第2步 通过以上步骤即可完成合并单元格的操作，如图 7-34 所示。

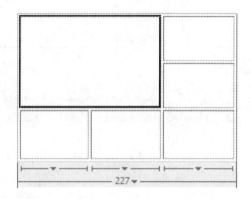

图 7-34

7.3.6 复制、剪切和粘贴表格

用户还可以对网页中的表格进行剪切、复制和粘贴的操作，下面详细介绍其操作方法。

1. 复制、粘贴表格

复制表格的方法与复制文本对象的方法相同，用户可以在【编辑】菜单中进行该操作，下面介绍详细方法。

第1步 选中表格，**1.** 在菜单栏中选择【编辑】菜单，**2.** 在弹出的菜单中选择【拷贝】菜单项，如图 7-35 所示。

第2步 将光标定位在准备复制表格的位置，**1.** 在菜单栏中选择【编辑】菜单，**2.** 在弹出的菜单中选择【粘贴】菜单项，如图 7-36 所示。

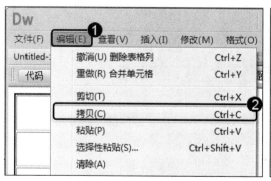

图 7-35

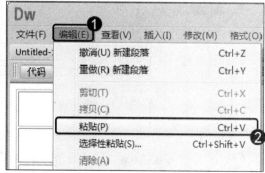

图 7-36

第 3 步　通过上述操作即可完成复制、粘贴表格的操作，如图 7-37 所示。

图 7-37

2. 剪切、粘贴表格

剪切表格的方法与剪切文本对象的方法相同，用户同样可以在【编辑】菜单中进行该操作，下面介绍详细方法。

第 1 步　选中表格，*1.* 在菜单栏中选择【编辑】菜单，*2.* 在弹出的菜单中选择【剪切】菜单项，如图 7-38 所示。

第 2 步　将光标定位在准备粘贴表格的位置，*1.* 在菜单栏中选择【编辑】菜单，*2.* 在弹出的菜单中选择【粘贴】菜单项，如图 7-39 所示。

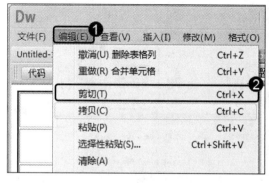

图 7-38

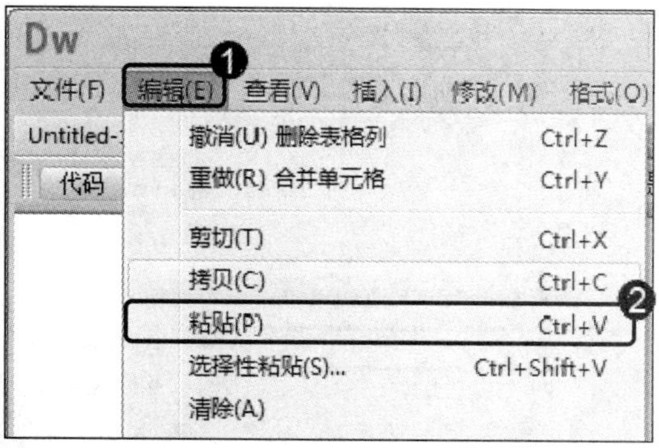

图 7-39

第3步 通过上述操作即可完成剪切、粘贴表格的操作，如图 7-40 所示。

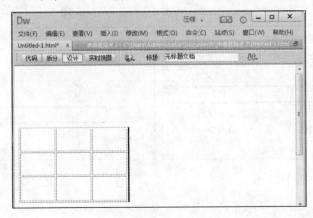

图 7-40

7.4 处理表格数据

在 Dreamweaver CC 中还提供了对表格数据的处理功能，包括导入导出表格数据和排序表格。本节将详细介绍处理表格数据方面的知识。

7.4.1 导入 Excel 表格数据

Dreamweaver CC 支持将另一个应用程序(如 Microsoft Excel)创建并以分隔文本的格式(其中的项以制表符、逗号、冒号、分号隔开)保存的表格式数据导入 Dreamweaver 中，并设置为表格格式。下面详细介绍导入/导出表格数据的操作方法。

第1步 启动 Dreamweaver CC 程序，**1.** 在菜单栏中选择【文件】菜单，**2.** 在弹出的菜单中选择【导入】菜单项，**3.** 在弹出的子菜单中选择【Excel 文档】菜单项，如图 7-41 所示。

第2步 弹出【导入 Excel 文档】对话框，**1.** 选择准备导入的表格，**2.** 单击【打开】按钮，如图 7-42 所示。

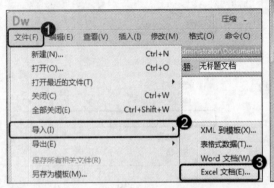

图 7-41

图 7-42

第3步 通过上述操作即可完成在 Dreamweaver CC 中导入 Excel 表格的操作，如图 7-43 所示。

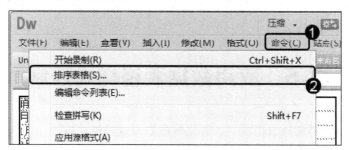

图 7-43

7.4.2 排序表格

排序表格一般是针对具有格式数据的表格，Dreamweaver CC 可以方便地将表格内的数据排序。下面详细讲解其操作方法。

第1步 选中表格，*1.* 在菜单栏中选择【命令】菜单，*2.* 在弹出的下拉菜单中选择【排序表格】菜单项，如图 7-44 所示。

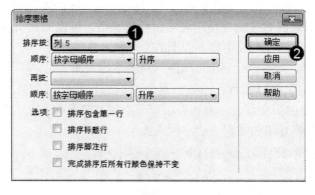

图 7-44

第2步 弹出【排序表格】对话框，*1.* 在【排序按】下拉列表中选择【列 5】，*2.* 单击【确定】按钮，如图 7-45 所示。

图 7-45

第3步 通过上述操作即可完成排序表格的操作，如图 7-46 所示。

销售表				
1月份	3500	4301	4401	12202
2月份	3600	4561	4555	12716
5月份	6910	7812	7800	22522
5月份	2800	3000	3000	8800
1月份	2894	2999	3000	8893
5月份	2874	3001	3200	9075
月份	长春店	沈阳店	哈尔滨店	总销售量

图 7-46

在【排序表格】对话框中可以设置以下参数。

➢ 【排序按】：选择排序需要最先依据的列。

➢ 【顺序】：确定排序方式和排序方向。

➢ 【再按】：可以选择作为其次依据的列，同样可以在【顺序】中选择排序方式和排序方向。

➢ 【排序包含第一行】：可以选择是否从表格第一行开始进行排序。

➢ 【排序标题行】：使用与 body 行相同的条件对表格 thead 部分中的所有行进行排序。

➢ 【排序脚注行】：使用与 body 行相同的条件对表格 tfoot 部分中的所有行进行排序。

➢ 【完成排序后所有行颜色保持不变】：排序时不仅移动行中的数据，行的属性也会随之移动。

7.5 应用数据表格样式控制

数据表格样式控制包括表格模型、表格标题以及表格样式控制 3 部内容。本节将详细介绍使用样式控制数据表格方面的知识。

7.5.1 表格模型

网页设计中，页面布局是一个重要的部分，Dreamweaver CS6 提供了多种方法来创建和控制页面布局，最普通的方法就是使用表格。使用表格，可以简化页面布局设计过程，导入表格化数据、设计页面分栏及定位页面上的文本和图像等。

通过使用<thead>、<tbody>、<tfoot>元素，将表格行聚集为组，可以构建更复杂的表格。<thead>标签用于指定表格标题行；<tfoot>是表格标题行的补充，是一组作为脚注的行；<tbody>标签标记表格的正文部分，表格可以有一个或者多个<tbody >部分。

创建一个包含表格行组的数据表格，代码如下：

```
<table width="570" height="217" border="1">
 <tr>
 <tr>
  <td colspan="5" scope="col">本周安排</th>
 </tr>
```

```
<tr>
  <td>星期一</td>
  <td>星期二</td>
  <td>星期三</td>
  <td>星期四</td>
  <td>星期五</td>
</tr>
<tr>
  <td>学习</td>
  <td>美术</td>
  <td>休息</td>
  <td>音乐</td>
  <td>美术</td>
</tr>
<tr>
  <td>上课</td>
  <td>书法</td>
  <td>上课</td>
  <td>休息</td>
  <td>学习</td>
</tr>
</table>
</body>
```

按 F12 键，即可在浏览器中浏览表格，如图 7-47 所示。

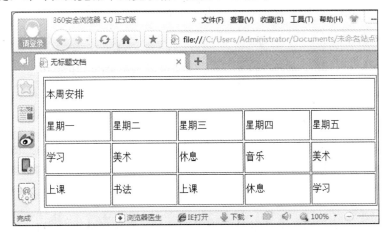

图 7-47

7.5.2 表格标题

caption 标签可定义一个表格标题，但它必须紧随 table 标签之后，只能对每个表格定义一个标题，通常这个标题在表格上方居中显示。

在一般情况下，可以使用 caption-side 标签定义网页中的表格标题显示位置，caption-side 属性值如表 7-1 所示。

表 7-1

值	效　果
bottom	标题出现在表格之后
top	标题出现在表格之前
inherit	设置 caption-side 值

7.5.3　表格样式控制

在 Dreamweaver CC 中，通过表格样式控制，可以对表格进行相应的设置。下面详细介绍表格样式控制方面的知识。

1. <table-layout>标签

表示设置或检索表格的布局算法，其值包括<auto>和<fixed>。

➤ auto：默认值，自动算法，布局将基于各单元格的内容，表格在每个单元格内的所有内容都读取计算之后才会显示出来。

➤ fixed：固定布局的算法，在这种算法中，表格和列的宽度取决于 col 对象的宽度总和。假如没有指定，则取决于第 1 行每个单元格的宽度；假如表格没有指定宽度(width)属性，则表格的默认宽度为 100%。

2. <col>标签

指定基于列的表格默认属性，使用 span 属性可以指定 COLGROUP 定义的表格列数，该属性的默认值为 1。

3. <COLGROUP>标签

指定表格中一列或一组列的默认属性，使用 span 属性可以指定 COLGROUP 定义的表格列数，该属性的默认值为 1。

4. <border-collapse>标签

设置或检索表格的行和单元格的边是合并在一起还是按照标准的 HTML 样式分开，选项包括<seperate>和<collapse>，其中前者是默认值。

5. <border-spacing>标签

设置或检索当表格边框独立(即 border-spacing 属性等于 seperate)时，行和单元格的边在横向和纵向上的间距，其中<length>是由浮点数字和单位标识组成的长度值，不可为负值。

6. <empty-cells>标签

设置或检索当表格的单元格无内容时，是否显示该单元格的边框。只有当表格行和列的边框独立(例如当 border-spacing 属性等于 seperate)时，此属性才起作用。

7.6　实践案例与上机指导

通过本章的学习，读者基本可以掌握使用表格布局页面的基本知识以及一些常见的操作方法，下面通过练习操作，以达到巩固学习、拓展提高的目的。

7.6.1　在表格中插入图像

建立表格后，可以在表格中添加各种网页元素，如文本、图像和表格等。在表格中添加元素的操作非常简单，只需要根据设计要求选定单元格，然后插入网页元素即可。一般表格中插入内容后，表格的尺寸会随内容的尺寸自动调整。下面详细介绍在表格中插入图像的操作方法。

第1步 将光标定位在准备插入图像的单元格中，**1.** 在菜单栏中选择【插入】菜单，**2.** 在弹出的下拉菜单中选择【图像】菜单项，**3.** 在弹出的子菜单中选择【图像】菜单项，如图 7-48 所示。

第2步 弹出【选择图像源文件】对话框，**1.** 选择准备插入的图像，**2.** 单击【确定】按钮，如图 7-49 所示。

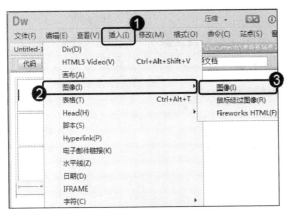

图 7-48

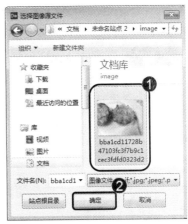

图 7-49

第3步 通过上述操作即可完成在表格中插入图像的操作，如图 7-50 所示。

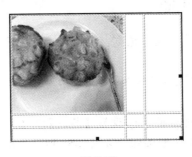

图 7-50

7.6.2 在表格中插入表格

在表格中添加表格的操作非常简单，只需要根据设计要求选定单元格，然后插入表格即可。下面详细介绍在表格中插入表格的操作方法。

第1步 将光标定位在准备插入表格的单元格中，**1.** 在菜单栏中选择【插入】菜单，**2.** 在弹出的下拉菜单中选择【表格】菜单项，如图 7-51 所示。

第2步 弹出【表格】对话框，**1.** 在【行数】文本框中输入 2，在【列】文本框中输入 2，**2.** 单击【确定】按钮，如图 7-52 所示。

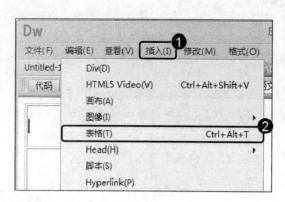

图 7-51

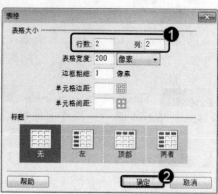

图 7-52

第3步 通过上述操作即可完成在表格中插入表格的操作，如图 7-53 所示。

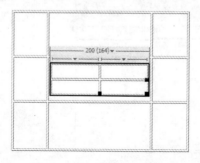

图 7-53

7.6.3 制作网页细线表格

在 Dreamweaver CC 中，用户可以根据自身需要绘制表格，下面详细介绍制作细线表格的操作方法。

第1步 **1.** 在菜单栏中选择【插入】菜单，**2.** 在弹出的下拉菜单中选择【表格】菜单项，如图 7-54 所示。

第2步 弹出【表格】对话框，**1.** 设置【行数】为 6，【列】为 4，**2.** 设置【表格宽度】为 600 像素，**3.** 单击【确定】按钮，如图 7-55 所示。

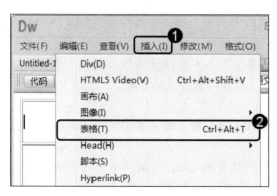

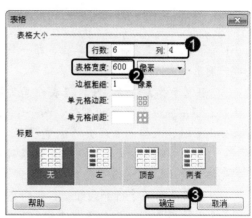

图 7-54

图 7-55

第 3 步　通过上述操作即可完成制作细线表格的操作，如图 7-56 所示。

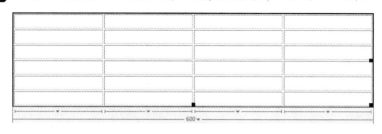

图 7-56

7.7　思考与练习

一、填空题

1. 表格是由一些粗细不同的_____和_____构成的，由横线和竖线相交形成的一个个方格称为_____。

2. 表格的用途包括_____、合并页面中的多个图像、_____。

3. 在表格的【属性】面板中，表格设置区域包括【清除列宽】按钮，用于清除表格中设置的_____；_____按钮，用于将当前表格的宽度单位转换为像素；【将表格当前宽度转换成百分比】按钮，用于将当前表格的_____转换为文档窗口的百分比单位；【清除行高】按钮用于清除表格中设置的_____。

4. 在单元格【属性】面板中，单击【页面属性】按钮，可以弹出_____对话框，用于设置_____。

5. 所谓调整表格大小，指的是更改表格的整体_____和_____。当调整整个表格的大小时，表格中的所有单元格按比例更改大小。

二、判断题

1. 单元格是表格的基本单位，每一个单元格都是一个独立的文本输入区域，可以输入文字和图形；并可单独进行排版和编辑。

2. 在【表格】对话框中，【表格宽度】文本框可以用来设置表格的宽度，紧随其后的下拉列表框用来设置宽度的单位，两个选项为【百分比】和【像素】。当宽度的单位选择【百分比】时，表格的宽度会随浏览器窗口的大小而改变。

3. 在表格中输入文本时，首先选择需要的输入法，输入相关文本文字。如果文本超出了单元格的大小，单元格不会自动扩展。

4. 表格是由若干行和列组成，行列交叉的区域为单元格。一般以单元格为单位来插入网页元素，也可以行和列为单位来修改性质相同的单元格。

5. 选择不连续的单元格：将鼠标指针移动到表格区域，按住 Shift 键，当鼠标指针变成形状时单击，即可选择多个不连续的单元格。

三、思考题

1. 如何在表格中插入图像？
2. 如何在表格中插入表格？

第 8 章

应用 CSS 样式美化网页

本章要点

- 什么是 CSS 样式表
- 创建 CSS 样式
- 将 CSS 应用到网页
- 设置 CSS 样式

本章主要内容

　　本章主要介绍什么是 CSS 样式表、创建 CSS 样式、将 CSS 应用到网页的知识与技巧，同时还讲解了如何设置 CSS 样式。在本章的最后，还针对实际的工作需求，讲解了 CSS 静态过滤器、样式冲突、CSS 动态过滤器。通过本章的学习，读者可以掌握应用 CSS 样式美化网页的知识，为深入学习 Dreamweaver CC 奠定基础。

8.1 什么是 CSS 样式表

运用 CSS 样式，可以依次对若干个网页所有的样式进行控制，CSS 是一种网页制作的新技术，已经被大多数浏览器所支持。本节将详细介绍 CSS 样式表方面的知识。

8.1.1 认识 CSS

CSS(Cascading Style Sheet)中文译为"层叠样式表"或"级联样式表"，适用于控制网页样式并允许将样式信息与网页内容分离的一种标记性语言。CSS 是 1996 年由 W3C 审核通过并且推荐使用的。

CSS 的引入随即引发了网页设计的一个又一个新高潮，使用 CSS 设计的优秀页面层出不穷。

CSS 样式表有以下特点：

➢ 可以将网页的显示控制与显示内容分离。
➢ 能更有效地控制页面的布局。
➢ 可以制作出体积更小、下载更快的网页。
➢ 可以更快、更方便地维护及更新大量的网页。

8.1.2 CSS 样式的类型

CSS 样式的类型包括自定义 CSS(类样式)、重定义标签的 CSS 和 CSS 选择器样式(高级样式)，下面详细介绍。

1. 自定义 CSS(类样式)

自定义样式最大的特点就是具有可选择性，可以自由决定将该样式应用于哪些元素，就文本操作而言，可以为一个字、一行、一段乃至整个页面中的文本添加自定义的样式。选择样式应用范围实质是在要使用样式的一对标签之间(如选择范围中没有标签，则 Dreamweaver 会自动添加一个名为 span 的标签)添加一个"class= "classname""语句(classname 是引用的样式名称)。

2. 重定义标签的 CSS

重定义标签的 CSS 实际上重新定义了现有 HTML 标签的默认属性，具有全局性。一旦对某个标签重新定义样式，页面中所有该标签都会按 CSS 的定义显示。但是值得注意的是，只有成对出现的 HTML 标签(如<td></td>)才能进行重定义，单个标签(如<hr>)不能进行重定义。

3. CSS 选择器样式(高级样式)

CSS 选择器样式可以控制标签属性，通常用来设置链接文字的样式。对链接文字的控制，有以下 4 种类型。

➢ "a:link"(链接的初始状态)：用于定义链接的常规状态。

- ➤ "a:hover"(鼠标指向的状态)：如果定义了这种状态，当鼠标指针移到链接上时，即按该定义显示，用于增强链接的视觉效果。
- ➤ "a:visited"(访问过的链接)：对已经访问过的链接，按此定义显示，以正确区分已经访问过的链接。"a:visited"的显示方式要不同于普通文本及链接的其他状态。
- ➤ "a:active"(在链接上按下鼠标时的状态)：用于表现鼠标按下时的链接状态。实际中应用较少。如果没有特别的需要，可以定义成与"a:link"或"a:hover"状态相同。

8.1.3　CSS 基本语法

CSS 的基本语法由三部分构成：选择器(Selector)、属性(Property)和属性值(Value)。如：

```
selector {property : value}
p {color : blue}
```

HTML 中所有的标签都可以作为选择器。

如果需要添加多个属性，在两个属性之间要使用分号进行分隔。下面的样式包含两个属性：一个是对齐方式居中，一个是字体颜色为红，两个样式需要使用分号进行分割：

```
p {text-align : center ; color : red}
```

为了提高样式代码的可读性，也可以将代码分行书写：

```
p {
text-align : center;
color : black;
font-family : arial
}
```

1．选择器组

如果需要将相同的属性和属性值赋给多个选择器，选择器之间需要使用逗号进行分隔。

```
H2,h3,h4,h5,h6,h7
{
color : red
}
```

上面的例子是将所有正文标题(<h2>到<h7>)的字体颜色变成红色。

2．类选择器

利用类选择器，可以使用同样的 HTML 标签创建不同的样式。

如段落(p)有两种样式，一种是右对齐，一种是居中对齐。可以如下书写：

```
p.right {text-align : right}
p.center{text-align : center}
```

其中 right 和 center 是两个类。然后可以引用这两个类，代码如下：

```
<p class=" center ">右对齐显示</p>
<p class=" right ">居中对齐显示</p>
```

也可以不用 HTML 标签，直接用"."加上用于不同的标签，如：

```
.center{text-align : center}
```

通用的类选择器没有标签的局限性，可以用于不同的标签，如：

```
<h1 class="center">标题居中显示</h1>
<p class="center">段落居中显示</p>
```

3. CSS 注释

为了方便以后更好地阅读 CSS 代码，可以为 CSS 添加注释。CSS 注释以 "/*" 开头，以 "*/" 结束，如：

```
/*段落样式*/
p
{
text/align : center;
/*居中显示*/
color : black;
font-family : arial}
```

8.2 创建 CSS 样式

在熟悉了 CSS 和 CSS 基本语法之后，便可以创建 CSS 样式，其中包括建立标签样式、建立类样式、建立复合内容样式、链接外部样式表和建立 ID 样式。本节将详细介绍创建 CSS 样式方面的知识。

8.2.1 建立标签样式

标签样式是网页中最为常见的一种样式。在 Dreamweaver CC 中，用户可以在【CSS 设计器】面板中实现对 CSS 样式表的创建与附加操作，下面介绍建立标签样式的操作方法。

第1步 启动 Dreamweaver CC 程序，**1.** 在菜单栏中选择【窗口】菜单，**2.** 在弹出的菜单中选择【CSS 设计器】菜单项，如图 8-1 所示。

第2步 打开【CSS 设计器】面板，单击【源】区域中的【添加 CSS 源】按钮 ，在弹出的菜单中选择【创建新的 CSS 文件】菜单，图 8-2 所示。

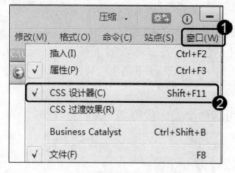

图 8-1

图 8-2

第3步 弹出【创建新的 CSS 文件】对话框，单击【文件/URL】文本框后的【浏览】按钮，如图 8-3 所示。

第4步 弹出【将样式表文件另存为】对话框，**1.** 设置保存路径，**2.** 在【文件名】文本框中输入名称 CSS1，**3.** 单击【保存】按钮，如图 8-4 所示。

图 8-3　　　　　　　　　　　　　　　　　图 8-4

第5步 返回【创建新的 CSS 文件】对话框，**1.** 选中【链接】单选按钮，**2.** 单击【确定】按钮，如图 8-5 所示。

第6步 通过以上步骤即可完成新建一个名为 CSS1 的样式表，如图 8-6 所示。

图 8-5　　　　　　　　　　　　　　　　　图 8-6

8.2.2　建立类样式

通过类样式的使用，可以对网页中的元素进行更加精确的控制，达到理想的效果。下面详细介绍建立类样式的操作方法。

素材文件　配套素材\第 8 章\8.2.2\类样式.html
效果文件　无

⌈129

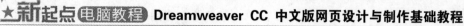

第1步 打开素材文件，***1.*** 在【属性】面板中，单击 CSS 按钮，***2.*** 在【目标规则】下拉列表中选择.banner-background 选项，***3.*** 单击【编辑规则】按钮，如图 8-7 所示。

图 8-7

第2步 弹出【.banner-background 的 CSS 规则定义】对话框，***1.*** 在【分类】列表框中选择【类型】选项，***2.*** 在右侧的【类型】区域中即可设置类样式，***3.*** 单击【确定】按钮，如图 8-8 所示。

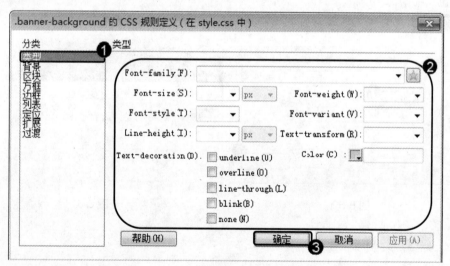

图 8-8

在【类型】区域中，比较重要的选项功能如下。

➢ Font-family：用于为样式设置字体。

➢ Font-size：定义文本大小，可以通过选择数字和度量单位选择特定的大小，也可以选择相对大小。

➢ Font-style：用于设置字体样式。

➢ Line-height：设置文本所在行的高度。

➢ Text-decoration：向文本中添加下划线、上划线或删除线，或是设置文本闪烁。

➢ Font-weight：对字体应用特定或相对的粗体量。

➢ Font-variant：设置文本的小型大写字母变体。

➢ Text-transform：将所选内容中的每个单词的首字母大写，或将文本设置为全部大写或小写。

➢ Color：用于设置文本颜色。

8.2.3 建立复合内容样式

使用符合 CSS 样式，可以定义同时影响两个或多个标签、类(或 ID)的复合规则，下面详细介绍建立复合内容样式的方法。

| 素材文件 | 配套素材\第 8 章\8.2.3\复合样式.html |
| 效果文件 | 无 |

第 1 步 打开素材文件，*1.* 单击【CSS 设计器】面板中的【选择器】区域右上角的【添加选择器】按钮，*2.* 在文本框中输入"#menu img"，如图 8-9 所示。

第 2 步 在【属性】区域，*1.* 单击【布局】按钮，*2.* 在 margin 区域设置左侧和右侧的像素值分别为 8px 和 5px，如图 8-10 所示。

图 8-9

图 8-10

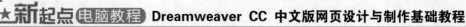

第3步 通过上述操作即可完成建立复合内容样式的操作，如图 8-11 所示。

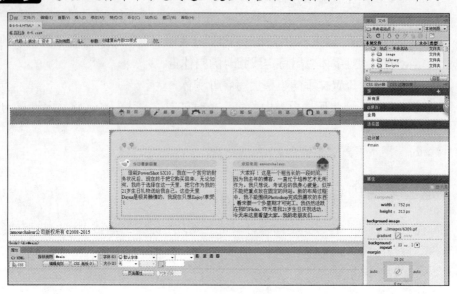

图 8-11

8.2.4 链接外部样式表

外部 CSS 样式表文件是 CSS 样式中比较理想的一种形式。将 CSS 样式代码编写在一个独立的文件之中，由网页进行调用。多个网页可以调用同一个外部 CSS 样式表文件，因此能实现代码的最大化重用以及网站文件的最优化配置。

链接外部 CSS 样式是指在外部定义 CSS 样式并形成以.css 为扩展名的文件，在网页中通过<link>标签将外部的 CSS 样式文件链接到网页中，而且该语句必须放在页面的<head>与</head>标签之间，其语法格式如下：

<link rel="stylesheet" type="text/css" href="style/***.css">

在这里使用的是相对路径。如果 HTML 文档与 CSS 样式文件没有在同一路径下，则需要指定 CSS 样式的相对位置或者绝对位置。下面详细介绍链接外部样式表的方法。

素材文件 配套素材\第 8 章\8.2.4\链接外部样式.html

效果文件 无

第1步 打开素材文件，**1.** 单击【CSS 设计器】面板【源】菜单区域右上角的【添加 CSS 源】按钮，**2.** 在弹出的菜单中选择【创建新的 CSS 文件】选项，如图 8-12 所示。

第2步 弹出【创建新的 CSS 文件】对话框中，在【文件/URL】文本框输入文件路径，单击【确定】按钮，即可完成链接外部样式表的操作，如图 8-13 所示。

第3步 弹出【将样式表文件另存为】对话框，**1.** 设置保存路径，**2.** 在【文件名】文本框中输入名称名称，**3.** 单击【保存】按钮，如图 8-14 所示。

第4步 返回【创建新的 CSS 文件】对话框，选中【链接】单选按钮，单击【确定】按钮，即可完成链接外部样式表的操作，如图 8-15 所示。

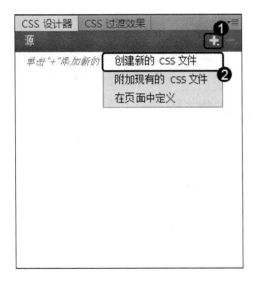

图 8-12

图 8-13

图 8-14

图 8-15

8.2.5　建立 ID 样式

ID CSS 样式主要用于定义设置了特定 ID 名称的元素。通常在一个页面中 ID 名称是不能重复的，所以定义的 ID CSS 样式也是特定指向页面中唯一的元素。

素材文件　配套素材\第 8 章\8.2.5\ID CSS 样式.html
效果文件　无

第 1 步　打开素材文件，*1.* 在【插入】面板中选择【常用】选项，*2.* 单击 Div 按钮，如图 8-16 所示。

第 2 步　弹出【插入 Div】对话框，*1.* 在【插入】下拉列表中选择【在标签后】选项，*2.* 在后面的列表框中选择<div id="menu-bg">，*3.* 在 ID 下拉列表中选择 bottom 选项，*4.* 单击【确定】按钮，如图 8-17 所示。

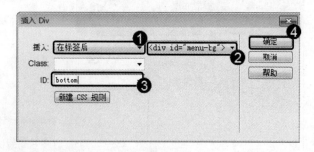

图 8-16 图 8-17

第3步 在【CSS 设计器】面板中，**1.** 单击【选择器】区域右上角的【添加选择器】按钮，**2.** 在文本框中输入 "#bottom"，如图 8-18 所示。

第4步 在【属性】区域，**1.** 单击【布局】按钮，**2.** 在 margin 栏设置上侧的像素值为 30px，**3.** 在 padding 栏设置上侧的像素值为 20px，如图 8-19 所示。

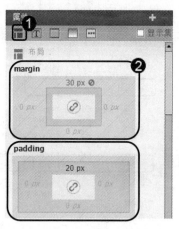

图 8-18 图 8-19

第5步 在【属性】区域，**1.** 单击【文本】按钮，**2.** 在 line-height 文本框输入 30，**3.** 在 text-align 栏单击【居中】按钮，如图 8-20 所示。

第6步 在【属性】区域，**1.** 在 url 文本框输入图像路径，**2.** 在 background-repeat 栏选择【横向重复两次】选项，如图 8-21 所示。

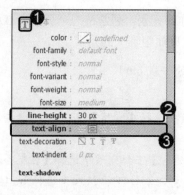

图 8-20 图 8-21

第7步 切换到外部 CSS 样式表文件中，可以看到页面中名为 bottom 的 Div 的效果，如图 8-22 所示。

图 8-22

8.3　将 CSS 应用到网页

层叠样式表是 HTML 格式的代码，浏览器处理起来速度比较快。另外，Dreamweaver CC 提供功能复杂、使用方便的层叠样式表，方便网站设计师制作个性化网页。在 Dreamweaver CC 中，还可以将 CSS 应用到网页中，以使网页更加独特。本节详细介绍将 CSS 应用到网页方面的知识。

8.3.1　内联样式表

内联样式表是在现有 HTML 元素的基础上，用 style 属性将特殊的样式直接加入到那些控制信息的标记中，比如下面的例子：

```
<p style=" color : #ff0000 ">内联样式表</p>
```

这种样式表只会对元素起作用，而不会影响 HTML 文档中的其他元素。也正因为如此，内联样式表通常用在需要特殊格式的某个网页对象上。在下面这个实例中，各段文字都定义了自己的内联式样式表：

```
<p style=" color : #ff0000 ">这段文字将显示为红色</p>
<p style=" color : #000000;background-color : yellow; ">这段文字的背景色为<I>黄色</I ></p>
<p style=" font-family : '华文彩云';font-size : 24px ">这段文字将以黑体显示</p>
```

这段代码中的第一个 P 元素中的样式表将文字用华文彩云显示。还有一个特殊的地方是第二个 P 元素中还嵌套了<I>元素，这种性质通常称为继承性，也就是说子元素会继承父元素的样式。

8.3.2　数据透视表的排序

内部样式表是把样式表放到页面的<head>区中，这些定义的样式就应用到页面中。样式表是用<style>标记插入的，从下例中可以看出<style>标记的用法：

```
<head>
<style type="text/css">
<!--
hr {color : sienna}
p {margin-left : 20px}
body {background-image : url("images/back40.gif")}
-->
</style>
</head>
```

8.3.3 外部样式表

外部样式表是指将样式表作为一个独立的文件保存在计算机上，这个文件以.css 作为扩展名。在样式表文件中定义样式和在嵌入式样式表中定义样式是一样的，只是不再需要 style 元素。比如下面例子中就是将嵌入式样式定义到一个样式表文件 mystyle.css 中，这个样式表文件的内容应该为嵌入式样式表中的所有样式。

```
h1{
   font-size : 36px;
   font-family : "隶书";
   font-weight : bold;
   color : #993366;
}
```

CSS 样式表在页面中应用的主要目的在于实现良好的网站文件管理，即样式管理，分离式结构有助于合理划分表现和内容。

层叠样式表是一系列格式规则，它控制网页各元素的定位和外观，实现 HTML 无法实现的效果。样式表的功能归纳如下：

- ➢ 灵活地控制网页中文字的字体、颜色、大小、位置和间距等。
- ➢ 方便地为网页中的元素设置不同的背景颜色和背景图片。
- ➢ 精确地控制网页各元素的位置。
- ➢ 为文字或图片设置滤镜效果。
- ➢ 与脚本语言结合制作动态效果。

8.4 设置 CSS 样式

控制网页元素外观的 CSS 样式用来定义字体、颜色、边距和字间距等属性，可以使用 Dreamweaver 来对所有的 CSS 属性进行设置。在 Dreamweaver CC 中，可以对 CSS 样式格式进行精确定制。本节将详细介绍设置 CSS 样式方面的知识。

8.4.1 设置背景类型

在不使用 CSS 样式的情况下，利用页面属性只能够实现单一颜色或用图像水平垂直平铺来设置背景。使用 CSS 规则定义对话框的【背景】选项，能够更加灵活地设置背景，可以对页面中的任何元素应用背景属性，如图 8-23 所示。

图 8-23

在【背景】区域中，可以对多个选项进行设置。

➢ Background-color：设置元素的背景颜色。

➢ Background-image：设置元素的背景图像。

➢ Background-repeat：设置当使用图像作为背景时是否需要重复显示，一般用于图像尺寸小于页面元素面积的情况，包括 4 个选项，其中【不重复】表示只在元素开始处显示一次图像；【重复】表示在应用样式的元素背景的水平方向和垂直方向上重复显示该图像；【横向重复】表示在应用样式的元素背景的水平方向上重复显示该图像；【纵向重复】表示在应用样式的元素背景的垂直方向上重复显示该图像。

➢ Background-attachment：有两个选项，即【固定】和【滚动】，分别决定背景图像是固定在原始位置还是可以随内容一起滚动。

➢ Background-position(X)和 Background-position(Y)：指定背景图像相对于元素的对齐方式，可以用于将背景图像与页面中心水平和垂直对齐。

8.4.2　设置方框样式

在图像的【属性】面板上，可以设置图像的大小、图像水平和垂直向上的空白区域等。而方框样式完善并丰富了这些属性设置，能定义特定元素的大小及其与周围元素间距等属性，如图 8-24 所示。

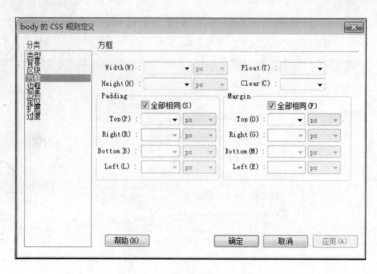

图 8-24

在【方框】区域中可以对多个选项进行设置。

➢ Width 和 Height：设定宽度和高度，使方框的宽度不受其所包含内容的影响。只有在样式应用于图像或层时，才起作用。

➢ Float：设置文本、层、表格等元素在哪个边围绕元素浮动，元素按设置的方式环绕在浮动元素的周围。IE 浏览器和 Netscape 浏览器都支持浮动选项的设置。

➢ Clear：设置元素的哪一边不允许有层，如果层出现在被清除的那一边，则元素将被移动到层的下面。

➢ Padding：指定元素内容与元素边框之间的间距(如果没有边框，则为边距)。【全部相同(S)】复选框为应用此属性元素的上、下、左和右侧设置相同的填充属性。取消选中【全部相同(S)】复选框，可分别设置元素各个边的填充。

➢ Margin：指定一个元素的边框与其他元素之间的间距，只有当样式应用于文本块一类的元素(如段落、标题、列表等)时，才起作用。【全部相同(F)】复选框为应用此属性元素的上、下、左和右侧设置相同的边距属性。取消选中【全部相同(F)】复选框，可分别设置元素各个边的边距。

8.4.3 设置区块样式

使用【区块】样式，可以定义段落文本中文字的字距、对齐方式等格式。在 CSS 规则定义对话框左侧选择【区块】选项，即可进行相应的设置，如图 8-25 所示。

在【区块】区域中可以对多个选项进行设置。

➢ Word-spacing：设置英文单词之间的距离。

➢ Letter-spacing：增加或减小字符之间的距离。若要减小字符间距，可以指定一个负值。

➢ Vertical-align：设置应用元素的垂直对齐方式。

➢ Text-align：设置应用元素的水平对齐方式，包括【居左】、【居右】、【居中】和【两端对齐】4 个选项。

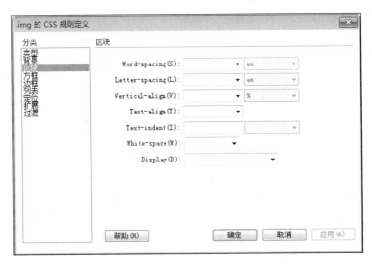

图 8-25

> ➢ Text-indent：指定每段中的第一行文本缩进的距离，可以使用负值创建文本凸出，但显示方式取决于浏览器。

> ➢ White-space：确定如何处理元素中的空格，包括 3 个选项，其中【正常】按正常的方法处理其中的空格，即将多个空格处理为一个；【保留】指将所有的空格都作为文本，用<pre>标记进行标识，保留应用样式元素原始状态；【不换行】指文本只有在遇到
标记时才换行。

> ➢ Display：设置是否以及如何显示元素，如果选择【无】，则会关闭应用此属性的元素的显示。

8.4.4　设置边框样式

在 Dreamweaver CS6 中，使用【边框】选项可以定义元素周围边框的宽度、颜色和样式等，如图 8-26 所示。

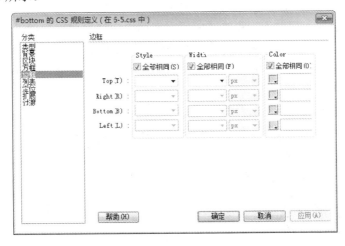

图 8-26

在【边框】区域中可以对多个选项进行设置。

> Style：设置边框的外观样式。边框样式包括【无】、【点划线】、【虚线】、【实线】、【双线】、【槽状】、【脊状】、【凹陷】和【凸出】等。所定义的样式只有在浏览器中才呈现出效果，且实际显示方式还与浏览器有关。
> Width：设置元素边框的粗细，包括【细】、【中】、【粗】，也可设定具体数值。
> Color：设置边框的颜色。

8.4.5 设置定位样式

【定位】选项用于设置层的相关属性。使用定位样式，可以自动新建一个层并把页面中使用该样式的对象放到层中，并且用在对话框中设置的相关参数控制新建层的属性，如图 8-27 所示。

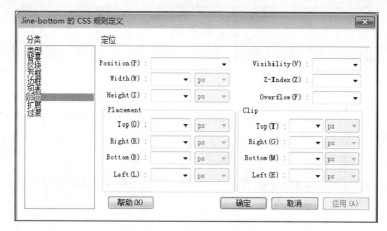

图 8-27

在【定位】区域中可以对各个选项进行设置。

> Position：有 3 个选项，其中【绝对】指使用绝对坐标定位层，在【定位】文本框中输入相对于页面左上角的坐标值；【相对】指使用相对坐标定位层，在【定位】文本框中输入相对于应用样式的元素在网页中原始位置的偏离值，这一设置无法在编辑窗口中看到效果；【静态】指使用固定位置，设置层的位置不移动。
> Visibility：指定层的可见性，如果不指定显示属性，则默认情况下大多数浏览器都继承父级的属性。
> Z-Index：指定层的叠加顺序。
> Overflow：指定当层的内容超出层的大小时的处理方式。
> Placement：指定内容块的位置和大小。
> Clip：设置限定层中可见区域的位置和大小。

8.4.6 设置扩展样式

在 CSS 规则定义对话框左侧的【分类】列表框选中【扩展】选项，在右侧将显示【扩展】选项区域，该区域包括分页和指针、滤镜等选项，如图 8-28 所示。

➢ Page-break-before：打印期间，在样式所控制的对象之前或者之后强行分页。在弹出的菜单中选择要设置的选项。此选项不受 IE 4.0 浏览器的支持，但可能受未来的浏览器的支持。

➢ Cursor：当指针位于样式所控制的对象上时，改变指针图像。

➢ Filter：对样式所控制的对象应用特殊效果。

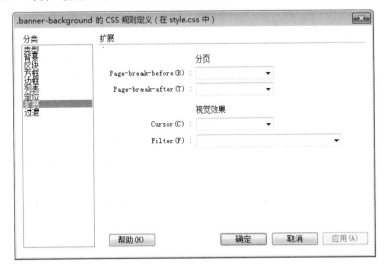

图 8-28

8.4.7　设置过渡样式

在 CSS 规则定义对话框中选中【过渡】选项后，将显示【过渡】区域。在该区域中，可以设定各种 CSS 过渡效果，如图 8-29 所示。

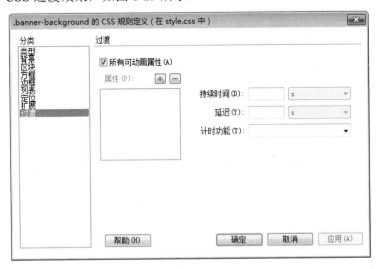

图 8-29

8.5 实践案例与上机指导

通过本章的学习，读者基本可以掌握应用 CSS 样式美化网页的基本知识以及一些常见的操作方法，下面通过练习操作，以达到巩固学习、拓展提高的目的。

8.5.1 CSS 静态过滤器

CSS 中有静态和动态两种过滤器。静态过滤器使被施加的对象产生各种静态的特殊效果，IE 4.0 浏览器支持 13 种静态过滤器，下面介绍几种静态过滤器。

1. Alpha 过滤器

Alpha 过滤器可使对象呈现半透明效果，包含的选项及其功能如下。

➢ Opacity：以百分比的方式设置图片的透明程度，值为 0~100，其中 0 表示完全透明，100 表示完全不透明。
➢ Finish Opacity：和 Opacity 选项一起以百分比的方式设置图片的透明渐变效果，值为 0~100，其中 0 表示完全透明，100 表示完全不透明。
➢ Style：设定渐变的显示形状。
➢ Start X：设定渐变开始的 X 坐标值。
➢ Start Y：设定渐变开始的 Y 坐标值。
➢ Finish X：设定渐变结束的 X 坐标值。
➢ Finish Y：设定渐变结束的 Y 坐标值。

2. Blur 过滤器

Blur 过滤器可以使对象产生风吹的模糊效果，包含的选项及其功能如下。

➢ Add：是否在应用 Blur 过滤器的 HTML 元素上显示原对象的模糊方向，0 表示不显示原对象，1 表示显示原对象。
➢ Direction：设定模糊的方向，0 表示向上，90 表示向右，180 表示向下，270 表示向左。
➢ Strength：以像素为单位设定图像模糊的半径大小，默认值是 5，取值范围是自然数。

3. Chroma 过滤器

Chroma 过滤器将图片中的某个颜色变成透明的，包含 Color 选项，用来指定要变成透明的颜色。

4. Drop Shadow 过滤器

包含的选项及其功能如下。

➢ Color：设定阴影颜色。
➢ Off X：设定阴影相对于文字或图像在水平方向上的偏移量。

➤　Off Y：设定阴影相对于文字或图像在垂直方向上的偏移量。

➤　Positive：设定阴影的透明程度。

8.5.2　样式冲突

将两个或两个以上的 CSS 规则应用于同一元素时，这些规则可能会发生冲突并产生意外的结果。

一般会存在以下两种情况。一种是应用于同一元素的多个规则分别定义了元素的不同属性，这时，多个规则同时起作用。另一种是两个或两个以上的规则同时定义了元素的同一属性，这种情况称为样式冲突。如果发生样式冲突，浏览器按就近优先原则应用 CSS 规则。如一个样式 mycss1{color=red}应用于<body>标签，另一个样式 mycss2{color=green}应用于文本所处的<p>标签，则文本按 mycss2 规定的属性显示为绿色。

如果链接在当前文档的两个外部样式表文件同时重定义了同一个 HTML 标签，则后链接的样式表文件优先(在 HTML 文档中，后链接的外部样式表文件的链接代码在先链接的链接代码之后)。

8.5.3　CSS 动态过滤器

动态过滤器也叫转换过滤器，Dreamweaver CS6 提供的动态过滤器可以产生翻换图片的效果。

1. Blend Trans 过滤器

混合转换过滤器，在图片间产生淡入淡出效果，包含 Duration 选项，用于表示淡入淡出的时间。

2. Reveal Trans 过滤器

Reveal Trans 为显示转换过滤器，提供更多的图像转换效果，包含 Duration 和 Transition 选项。Duration 选项表示转换的时间，Transition 选项表示转换的类型。

8.6　思考与练习

一、填空题

1. CSS 中文译为＿＿＿＿＿或＿＿＿＿＿，适用于控制网页样式并允许将样式信息与网页内容分离的一种＿＿＿＿＿。CSS 是＿＿＿＿＿年由 W3C 审核通过，并且推荐使用的。

2. CSS 是一系列格式设置规则＿＿＿＿＿的现实方式。使用 CSS 设置页面格式时，可将＿＿＿＿＿与＿＿＿＿＿分开，用于定义代码表现形式的 CSS 规则通常保存在另一个文件或＿＿＿＿＿的文件头部分。

3. CSS 样式的类型包括＿＿＿＿＿、＿＿＿＿＿和＿＿＿＿＿。

4. CSS 的基本语法由三部分构成: ＿＿＿＿＿＿＿＿＿、＿＿＿＿＿＿＿＿＿和＿＿＿＿＿＿＿＿＿。

5. CSS 样式包括＿＿＿＿＿＿＿＿＿、＿＿＿＿＿＿＿＿＿、＿＿＿＿＿＿＿＿＿、建立 ID 样式和链接外部样式表。

二、判断题

1. 标签样式是网页中最为常见的一种样式,在 Dreamweaver CC 中,用户可以在【CSS 设计器】面板中实现对 CSS 样式表的创建与附加操作。 ( )

2. 在 CSS 规则定义对话框下的【类型】区域中,Font-size 下拉列表的作用是定义文本大小,可以通过选择数字和度量单位选择特定的大小,也可以选择相对大小。 ( )

3. 在 CSS 规则定义对话框下的【类型】区域中,Text-transform 下拉列表的作用是将所选内容中的每个单词的首字母大写,或将文本设置为全部大写或小写。 ( )

4. 外部 CSS 样式表文件是 CSS 样式中比较理想的一种形式。将 CSS 样式代码编写在一个独立的文件之中,由网页进行调用。多个网页可以调用同一个外部 CSS 样式表文件,因此能实现代码的最大化重用以及网站文件的最优化配置。 ( )

5. ID CSS 样式主要用于定义设置了特定 ID 名称的元素,通常在一个页面中 ID 名称是可以重复的,所以定义的 ID CSS 样式也是特定指向页面中的多个元素。 ( )

三、思考题

1. 如何在 Dreamweaver CC 中建立标签样式?

2. 如何在 Dreamweaver CC 中建立类样式?

第 **9** 章

应用 Div+CSS 灵活布局网页

本章要点

- Div 概述
- 常见的布局方式
- 应用 Div 布局网页

本章主要内容

本章主要介绍 Div 概述、常见的布局方式、应用 Div 布局网页方面的知识与技巧。在本章的最后，还针对实际的工作需求，讲解了一列自适应宽度、两列自适应宽度、两列右列宽度自适应以及三列浮动中间宽度自适应的方法。通过本章的学习，读者可以掌握应用 Div+CSS 灵活布局网页的知识，为深入学习 Dreamweaver CC 奠定基础。

9.1 Div 概述

Div 与其他 HTML 标签一样，是一个 HTML 所支持的标签，可以很方便地实现网页的布局。本节将介绍 Div 方面的知识。

9.1.1 初识 Div

Div 元素是为 HTML 文档内大块的内容提供结构和背景的元素，Div 的起始标签和结束标签之间的所有内容都是用来构成这个块的，其中所包含元素的特性由 Div 标签的属性来控制，或者是通过使用样式表格式化这个块来进行控制。

Div 全称 division，意为"区分"，称为区隔标记，作用是设定字、图、表格等的摆放位置。当使用 CSS 布局时，主要将其用在 Div 标签上。

简单而言，Div 是一个区块容器标记，即<Div>与</Div>之间相当于一个容器，可以容纳段落、标题、表格、图片，乃至章节、摘要和备注等各种 HTML 元素。因此，可以把<Div>与</Div >中的内容视为一个独立的对象，用于 CSS 的控制，声明时只需要对<Div>进行相应的控制，其中的各标记元素都会因此而改变。

9.1.2 Div CSS 布局的优势

复杂的表格使得设计极为困难，修改也更加烦琐，最后生成的网页代码，除了表格本身的代码以外，还有许多没有意义的图像占位符和其他元素，文件量较大，最终导致浏览器下载、解析的速度变慢。

使用 CSS 布局，可以从根本上改变这种情况。CSS 布局的重点不再放在表格元素的设计上，取而代之的是 HTML 中的另一个元素——Div。Div 可以理解为"图层"或是一个"块"。Div 是一种比表格简单的元素，语法上从< div >开始到</ div >结束，Div 的功能是将一段信息标记出来用于后期的样式定义。

在使用时，Div 不需要像表格那样通过其内部的单元格来组织版式，使用 CSS 强大的样式定义功能，可以比表格更简单、更自由地控制页面版式和样式。

由于 Div 与样式分离，最终样式由 CSS 来完成，这种与样式无关的特性使得 Div 在设计中拥有较大的灵活性，用户可以根据自己的想法改变 Div 的样式，不再拘泥于单元格固定模式。

9.1.3 盒模型

盒模型是 CSS 控制页面时的一个重要概念，用户只有很好地掌握了盒模型以及其中每个元素的用法，才能真正地控制页面中每个元素的位置。

CSS 假定所有的 HTML 文档元素都生成了一个描述该元素在 HTML 文档布局中所占空间的矩形元素框(element box)，可以形象地将其看作是一个盒子。CSS 围绕这些盒子产生了一种"盒子模型"概念，通过定义一系列与盒子相关的属性，可以极大地丰富和促进各个盒子乃至整个 HTML 文档的表现效果和布局结构。

　　HTML 文档中的每个盒子都可以看成是由从内到外的四个部分构成，即内容区、填充、边框和空白边，如图 9-1 所示。

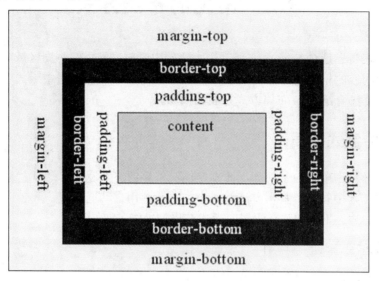

图 9-1

　　(1) 内容区是盒子模型的中心，呈现了盒子的主要信息内容，这些内容可以是文本、图片等多种类型。内容区是盒子模型必备的组成部分，其他的三部分都是可选的。内容区有三个属性，width、height 和 overflow。使用 width 和 height 属性可以指定盒子内容区的高度和宽度，其值可以是长度计量值或者百分比值。在 CSS 中，表示空间距离主要有两种方式：一个是百分比，一个是长度计量单位。overflow 属性规定当内容溢出元素框时发生的事情。这个属性定义溢出元素内容区的内容会如何处理。如果值为 scroll，无论是否需要，用户代理都会提供一种滚动机制，因此，有可能即使元素框中可以放下所有内容也会出现滚动条。

　　(2) 填充是内容区和边框之间的空间，可以被看作是内容区的背景区域。填充的属性有五种，即 padding-top、padding-bottom、padding-left、padding-right 以及综合了以上四种方向的快捷填充属性 padding。使用这五种属性可以指定内容区信息内容与各方向边框间的距离，其属性值类型同 width 和 height。

　　(3) 边框是环绕内容区和填充的边界。边框的属性有 border-style、border-width 和 border-color 以及综合了以上三类属性的快捷边框属性 border。边框样式属性 border-style 是边框最重要的属性，根据 CSS 规范，如果没有指定边框样式，其他的边框属性都会被忽略，边框将不存在。

　　(4) 空白边位于盒子的最外围，不是一条边线而是添加在边框外面的空间。空白边使元素盒子之间不必紧凑地连接在一起，是 CSS 布局的一个重要手段。空白边的属性有 5 种，即 margin-top、margin-bottom、margin- left、margin-right 以及综合了以上 4 种方向的快捷空白边属性 margin，其具体的设置和使用与填充属性类似。

以上就是对盒子模型 4 个组成部分的简要介绍。利用盒子模型的相关属性可以使 HTML 文档内容表现效果变得越发丰富，而不再像只使用 HTML 标记那样单调乏味。

9.2 常见的布局方式

无论使用表格还是 CSS，网页布局都把大块的内容放进网页的不同区域里面。有了 CSS，最常用来组织内容的元素就是<div>标签。CSS 布局方式一般包括居中版式布局和浮动版式布局。本家将详细介绍 CSS 布局方式方面的知识。

9.2.1 居中版式布局

居中的设计只占屏幕的一部分，而不是横跨屏幕的整个宽度，这样就会创建比较短的容易阅读的行。居中有两个基本方法：一个方法是使用自动空白边，另一个方法是使用定位和负值的空白边。下面详细介绍居中版式布局的操作方法。

1. 使用自动空白边

在 Dreamweaver CS6 中，有一个典型的布局，可以让其中的容器 Div 在屏幕上水平居中，其代码如下：

```
<body>
    <div id="wrapper">
</div>
</body>
```

为此，用户只需定义容器 div 的宽度，然后将水平空白边设置为 auto，代码如下：

```
#wrapper {
width: 720px;
    margin: 0 auto;
}
```

在这个实例中，确定以像素为单位指定容器 div 的宽度，适合 800×600 分辨率的屏幕。但是，也可以将宽度设置为主体的百分数，或者使用 em 相对于文本字号设置宽度。

上面实例对几乎所有现代浏览器中都是有效的，但是，IE 5x 和 IE 6 不支持自动空白边，IE 将 text-align:center 误解为让所有东西居中，而不只是文本。根据这一点，可让主体标签中的所有东西居中，包括容器 div，然后将容器的内容重新对准左边，代码以下：

```
body {
text-align: center;
}
#wrapper {
width: 720px;
margin: 0 auto;
text-align: left;
}
```

以这种方式使用 text-align 属性是可行的，对代码没有严重的影响，容器这样在 IE 以及符合标准的浏览器中都会居中。

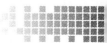

为了防止这种浏览器窗口的宽度减少到小于容器的宽度，需要将主体元素的最小宽度设置为等于或略大于容器元素的宽度，代码如下：

```
body {
    text-align: center;
    min-width: 760px;
}
#wrapper {
    width: 720px;
    margin: 0 auto;
    text-align: left;
}
```

2. 使用定位和负值的空白边

与前面一样，首先定义容器的宽度，然后将容器的 position 属性设置为 relative，将 left 属性设置为 50%。这样会把容器的左边缘定位在页面的中间，代码如下：

```
#wrapper
{
    width: 720px;
    position: relative;
    left: 50%;
}
```

但是，如果并不希望让容器的左边缘居中，而是希望让容器的中间居中，可以对容器的左边应用一个负值的空白边，宽度等于容器宽度的一半。把容器向左边移动到宽度的一半，从而将其在屏幕上居中的代码如下：

```
#wrapper
{
    width: 720px;
    position: relative;
    left: 50%;
    margin-left: -360px;
}
```

9.2.2　浮动版式布局

在 Dreamweaver CS6 中，使用浮动布局设计也是必不可少的。浮动布局利用 float(浮动) 属性来并排定位元素，下面详细介绍其操作方法。

1. 一列固定宽度

一列固定宽度是基础中的基础，也是最简单的布局形式，无论怎么改变浏览器窗口的大小，Div 的宽度都不会改变，如图 9-2 和图 9-3 所示。

使用一列固定宽度时，宽度的布局是固定的，即直接设置了宽度属性 width 和高度属性 height，代码结构如下：

```
<!DOCTYPE    html    PUBLIC    "-//W3C//DTD    XHTML    1.0    Transitional//EN"
"http://www.w3.org/TR/xhtml1/DTD/xhtml1-transitional.dtd">
<html xmlns="http://www.w3.org/1999/xhtml">
```

图 9-2

图 9-3

```
<head>
<meta http-equiv="Content-Type" content="text/html; charset=gb2312" />
<title>一列固定宽度——文杰书院</title>
<style type="text/css">
<!--
#layout {
border: 2px solid #A9C9E2;
background-color: #E8F5FE;
height: 200px;
width: 300px;
}
-->
</style>
</head>
<body>
<div id="layout">一列固定宽度</div>
</body>
</html>
```

2. 二列固定宽度

了解了一列固定宽度，二列固定宽度就非常容易理解，代码如下：

```
<div id="left">左列</div>
<div id="right">右列</div>
```

在此代码结构中，一共使用了两个 id，分别为 left 和 right，用来表示两个 Div 的名称。然后设置宽度，并让两个 div 在水平行中并排显示，从而形成二列式的布局，CSS 代码如下：

```
<!DOCTYPE  html  PUBLIC  "-//W3C//DTD  XHTML  1.0  Transitional//EN"
"http://www.w3.org/TR/xhtml1/DTD/xhtml1-transitional.dtd">
<html xmlns="http://www.w3.org/1999/xhtml" xml:lang="cn" lang="cn">
<head>
<meta http-equiv="Content-Type" content="text/html; charset=gb2312" />
<title>二列固定宽度——文杰书院</title>
<style type="text/css">
<!--
#left {
```

```
 background-color: #E8F5FE;
 border: 1px solid #A9C9E2;
 float: left;
 height: 300px;
 width: 200px;
}
#right {
 background-color: #F2FDDB;
 border: 1px solid #A5CF3D;
 float: left;
 height: 300px;
 width: 200px;
}
-->
</style>
</head>
<body>
<div id="left">左列</div>
<div id="right">右列</div>
</body>
</html>
```

为了实现两列式布局，使用了 float 属性，这样两列固定宽度的布局就能够完整地显示出来，预览效果如图 9-4 所示。

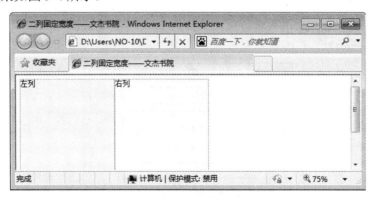

图 9-4

9.2.3 高度自适应布局

高度值同样可以使用百分比进行设置，但直接使用；不会显示效果，这与浏览器的解析方式有一定的关系。例如下面的实现高度自适应的 CSS 代码：

```
html,body{
    margin:0px
    height:100%;
}
#left {
    width:400px;
    height:100%;
    background-color:#09F;
    float:left;
}
```

在将名为 left 的 Div 设置为 height:100%的同时,也设置了 html 与 body 的 height:100%。一个对象的高度是否可以使用百分比显示,取决于该对象的父级对象。由于名为 left 的 Div 在页面中直接放置于 body 中,因此它的父级对象就是 body,而浏览器在默认状态下没有给 body 一个高度属性,因此在直接设置名为 left 的 Div 的 height:100%时不会产生任何效果。在给 body 设置了 100%之后,它的子级对象(名为 left 的 Div)的 height:100%便起了作用,这便是浏览器解析规则引发的高度自适应问题。若将 HTML 对象设置为 height:100%,使用 IE 浏览器和 Firefox 浏览器都能实现高度自适应。

9.3 应用 Div 布局网页

Div 是 HTML 中的标签,也称作层,用 Div 布局也说成用层布局。用 Div 标签来布局,结合层叠样式表,可以设计出完美的网页。本节将详细介绍 Div 布局方面的知识。

9.3.1 页面布局分析

使用 Div,可以将页面在整体上使用<div>标记进行分块,然后对各个块进行 CSS 定位,最后再在各个块中添加相应的内容。页面大致由 banner、content、links 和 footer 几个部分组成,如图 9-5 所示。

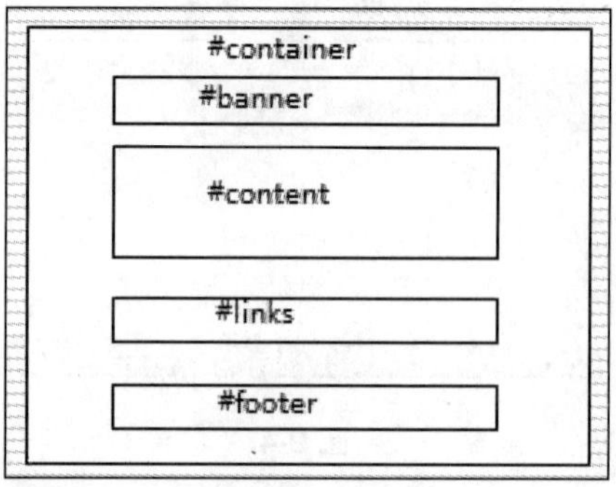

图 9-5

页面中的 HTML 框架代码如下所示:

```
<div id="container"></div>
<div id="banner"></div>
<div id="content"></div>
<div id="links"></div>
<div id="footer"></div>
</div>
```

这是一个结构,在实例中每一个版块都是一个<div>,id 表示各个板块,页面中所有的 Div 块都属于 container。对于每个 Div 块,还可以加入各种元素或行内元素,也可以嵌套另一个 Div。content 块可以包含任意的 HTML 元素,如标题、段落、图片、表格等。

9.3.2 插入和编辑 Div 标签

与其他 HTML 对象一样，用户只需要在代码中添加<div></div>这样的标签形式，将内容放置其中，就可以应用 Div 标签。

用户还可以通过 Dreamweaver CC 的【设计】视图在网页中插入 Div，下面详细介绍操作方法。

第 1 步 启动 Dreamweaver CC 程序，**1.** 在【插入】面板上选择【常用】选项，**2.** 单击 Div 按钮，如图 9-6 所示。

第 2 步 弹出【插入 Div】对话框，**1.** 在【插入】下拉列表中选择相应的选项，**2.** 在 ID 下拉列表中输入需要插入的 Div 的 ID 名称，**3.** 单击【确定】按钮，如图 9-7 所示。

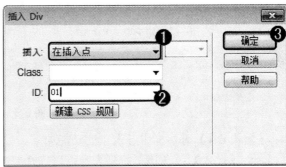

图 9-6 图 9-7

第 3 步 通过以上步骤即可完成插入 Div 的操作，如图 9-8 所示。

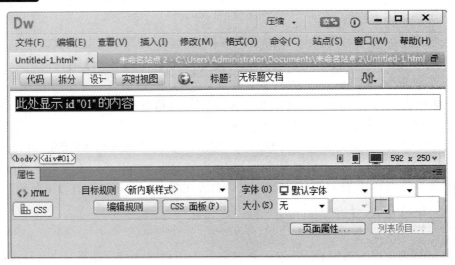

图 9-8

第4步 切换到【代码】视图，可以看到刚插入的 id 名称为 01 的 Div 的代码，如图 9-9 所示。

图 9-9

【插入 Div】对话框中各选项的功能如下。

➢ 【插入】：在该下拉列表中可以选择要在网页中插入 Div 的位置，包含【在插入点】、【在标签前】、【在标签开始之后】、【在标签结束之后】、【在标签结束之前】、【在标签后】6 个选项。选择除【在插入点】以外的任意一个选项时，可以激活第二个下拉列表，用户可以在该下拉列表中选择相对于某个页面已经存在的标签进行操作。

➢ Class：在该下拉列表中可以选择为所插入的 Div 应用的 CSS 样式。

➢ 【新建 CSS 规则】：单击该按钮，将弹出【新建 CSS 规则】对话框，可以新建应用于所插入的 Div 的 CSS 样式。

Div 对象除了可以直接放置文本和其他标签以外，还可以对多个 Div 标签进行嵌套使用，最终目的是合理地标识出页面的区域。

在使用的时候，Div 对象和其他 HTML 对象一样，可以加入其他属性，如 id、class、align 和 style 等。而在 CSS 布局方面，为了实现内容与表现的分离，不应该将 align 属性和 style 属性编写在 HTML 页面的 Div 标签中，因此，Div 代码只可能拥有以下两种形式：

```
<div id="id 名称">内容</div>
<div class="class 名称">内容</div>
```

使用 id 属性可以为当前 Div 指定一个 id 名称，在 CSS 中使用选择器进行样式的编写。当然，也可以使用 class 属性，在 CSS 中使用 class 选择器进行样式编写。

9.3.3　使用 CSS 定位

在制作页面时，可以使用 CSS 对页面的整体进行规划，并在各个版块中添加相应的内容。下面详细介绍使用 CSS 定位的操作方法，其代码如下：

```
body{
    margin:0px;
    font-size:13px;
    font-family:Arial;
}
#container{
    position:relative;
    width:100%;
}
#banner{/*根据实际需要可调整。如果此处是图片，不用设置高度*/
    height:80px;
    border:1px solid #000000;
    text-align:center;
    background-color:#a2d9ff;
    padding:10px;
    margin-bottom:2px;}
```

利用 float 浮动方法将#content 移动到左侧，将#links 移动到页面右侧。这里不指定#content 的宽度，使其根据浏览器的变化进行调整，但#links 作为导航条指定其宽度为200px，代码如下：

```
#content{
float:left;}
#links{
float:right;
width:200px;
text-align:center;
}
```

如果#link 的内容比#content 长，在 IE 浏览器上#footer 就会贴在#content 下方而与#link 出现重合，此时需要对块做调整。将#content 与#link 都设置为左浮动，然后再微调它们之间的距离。如果#link 在#content 的左方，将二者都设置为右浮动。

对于固定宽度的页面，这种情况非常容易解决，只需要指定#content 的宽度，然后二者同时向左或者向右浮动，代码如下：

```
#content{
float:left;
padding-right:200px;
width:600px; }
```

9.4　实践案例与上机指导

通过本章的学习，读者基本可以掌握 Div+CSS 灵活布局的基本知识以及一些常见的操作方法。下面通过练习操作，达到巩固学习、拓展提高的目的。

9.4.1 一列自适应宽度

自适应布局是网页设计中常见的布局形式。自适应的布局能够根据浏览器窗口的大小，自动改变其宽度和高度值，是一种非常灵活的布局形式。

这里将宽度由一列固定宽度的 300px 改为 80%，这样当扩大或缩小浏览器窗口大小时，其宽度还将维持在浏览器当前宽度的比例，如图 9-10 所示。

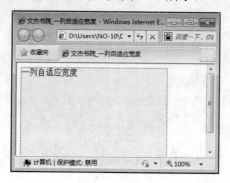

图 9-10

XHTML 代码结构如下：

```
<!DOCTYPE html PUBLIC "-//W3C//DTD XHTML 1.0 Transitional//EN"
"http://www.w3.org/TR/xhtml1/DTD/xhtml1-transitional.dtd">
<html xmlns="http://www.w3.org/1999/xhtml">
<head>
<meta http-equiv="Content-Type" content="text/html; charset=gb2312" />
<title>文杰书院_一列自适应宽度</title>
<style type="text/css">
<!--
#layout {
border: 2px solid #A9C9E2;
background-color: #E8F5FE;
height: 200px;
width: 80%;
}
-->
</style>
</head>
<body>
<div id="layout">一列自适应宽度</div>
</body>
</html>
```

9.4.2 两列自适应宽度

使用两列宽度自适应性，可以实现左右列宽度自动适应。设置自适应主要通过宽度的百分比值，CSS 代码修改如下：

```
<style>
#left
background-color:#00cc33;
```

```
border:1px solid #ff3399;
width:60%;
height:250px;
float:left;
}
#right{
background-color:#ffcc33;
border:1px solid #ff3399;
width:30%;
height:250px;
float:left;
}
</style>
```

这里主要修改了左列宽度为 60%，右列宽度为 30%。无论怎样改变浏览器窗口大小，左右两列的宽度与浏览器窗口的百分比都不改变。

9.4.3　两列右列宽度自适应

在实际应用中，有时候需要左列固定宽度，右列根据浏览器窗口大小自动适应。在 CSS 中，只要设置左列的宽度即可，CSS 代码修改如下：

```
<style>
#left
background-color:#00cc33;
border:1px solid #ff3399;
width:200px;
height:250px;
float:left;
}
#right{
background-color:#ffcc33;
border:1px solid #ff3399;
width:30%;
height:250px;
}
</style>
```

9.4.4　三列浮动中间宽度自适应

使用浮动定位方式，基本可以实现一列到多列的固定宽度及自适应，其中包括三列的固定宽度。在这里提出一个新的要求：有一个三列式布局，其中左列要求固定宽度，并居左显示，右列要求规定宽度并居右显示，而中间列需要在左列和右列的中间，根据左右列的间距变化自动适应。

CSS 代码修改为如下：

```
<style>
body{
margin:0px;
}
#left{
background-color:#00cc00;
border:2px solid #333333;
```

```
width:100px;
height:250px;
position:absolute;
top:0px;
left:0px;
}#conter{
background-color:#ccffcc;
border:2px solid #333333;
height:250px;
margin-left:100px;
margin-right:100px;
}
#right{
background-color:#00cc00;
border:2px solid #333333;
width:100px;
height:250px;
position:absolute;
right:0px;
top:0px;
}
</style>
```

9.5　思考与练习

一、填空题

1. Div 全称 division，意为＿＿＿＿＿＿＿，称为区隔标记。作用是设定字、图、表格等的＿＿＿＿＿＿＿。当使用 CSS 布局时，主要将其用在＿＿＿＿＿＿＿上。

2. Div 元素是用来为 HTML 文档内大块的内容提供＿＿＿＿＿＿＿的元素，Div 的＿＿＿＿＿＿＿和＿＿＿＿＿＿＿之间的所有内容都是用来构成这个块的，其中所包含元素的特性由＿＿＿＿＿＿＿来控制，或者通过使用样式表格式化这个块来进行控制。

3. HTML 文档中的每个盒子都可以看成是由从内到外的＿＿＿＿＿＿＿个部分构成，即内容区、＿＿＿＿＿＿＿、＿＿＿＿＿＿＿和＿＿＿＿＿＿＿。

二、判断题

1. Div 在使用时不需要像表格那样通过其内部的单元格来组织版式，使用 CSS 强大的样式定义功能可以比表格更简单、更自由地控制页面版式和样式。

2. 由于 Div 与样式分离，最终样式由 CSS 来完成，这种与样式无关的特性使得 Div 在设计中拥有较大的灵活性，用户可以根据自己的想法改变 Div 的样式，不再拘泥于单元格固定模式。

3. 内容区是盒子模型的中心，呈现了盒子的主要信息内容，这些内容可以是文本、图片等多种类型。

三、思考题

1. 如何设置一列自适应宽度？
2. 如何设置两列自适应宽度？

新起点
电脑教程

第10章

使用模板和库创建网页

本章主要内容

　　本章主要介绍使用模板、设置模板、管理模板方面的知识与技巧，同时还讲解了如何创建与应用库项目。在本章的最后，还针对实际的工作需求，讲解了重命名库项目、删除库项目以及恢复删除的库项目的方法。通过本章的学习，读者可以掌握使用模板和库项目创建网页方面的知识，为深入学习 Dreamweaver CC 奠定基础。

10.1 使用模板

在制作网站的过程中，为了统一风格，很多页面会用到相同的布局、图片和文字元素。为了避免重复创建，可以使用 Dreamweaver CC 提供的模板功能。本节将详细介绍模板方面的知识。

10.1.1 模板的特点

使用模板，能够大大地提高设计者的工作效率，其原理是当用户对一个模板进行修改后，所有使用了这个模板的网页内容都将随之同步修改。简单地说，就是一次可以更新多个页面，这也是模板最强大的功能之一。在实际工作中，尤其是对于一些大型的网站，其效果是非常明显的。所以说，模板与基于模板的网页文件之间保持了一种链接的状态，它们之间共同的内容能够保持完全一致。

什么样的网站比较适合使用模板技术呢？如果一个网站布局比较统一，拥有相同的导航，并且显示不同栏目内容的位置基本不变，那么这种布局的网站就可以考虑使用模板来创建。

模板能够确定页面的基本结构，并且其中可以包含文本、图像、页面布局、样式和可编辑区域等对象。

模板会自动锁定文档中的大部分区域。模板设计者可以定义基于模板的页面中哪些区域是可编辑的，方法是在模板中插入可编辑区域。在创建模板时，可编辑区域和锁定区域都可以更改。但是，在基于模板的文档中，只能在可编辑区域中进行修改，至于锁定区域则无法进行任何操作。

10.1.2 创建模板

在 Dreamweaver CC 中，用户有两种方法创建模板：一种是将现有的网页文件另存为模板，然后根据需要进行修改；另一种是直接新建一个空白模板，然后在其中插入需要显示的文档内容。模板实际上也是一种文档，其扩展名为.dwt，存放在站点根目录下的 Templates 文件夹中。如果该 Templates 文件夹在站点中尚不存在，Dreamweaver 将在保存新建的模板时自动创建。下面详细介绍创建模板的操作方法。

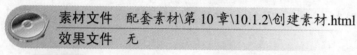

素材文件　配套素材\第 10 章\10.1.2\创建素材.html
效果文件　无

第 1 步 打开素材文件，**1.** 在菜单栏中选择【文件】菜单，**2.** 在弹出的菜单中选择【另存为模板】菜单项，如图 10-1 所示。

第 2 步 弹出【另存模板】对话框，单击【保存】按钮，如图 10-2 所示。

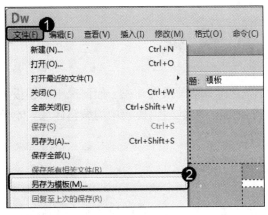

图 10-1

图 10-2

第 3 步　弹出提示对话框，提示是否更新页面中的链接，单击【否】按钮即可完成另存为模板的操作，如图 10-3 所示。

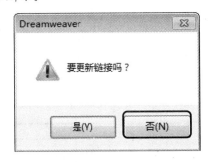

图 10-3

【另存模板】对话框中各选项的说明如下。

➢　【站点】：在该下拉列表中可以选择一个用来保存模板的站点。

➢　【现存的模板】：该列表框中列出了站点根目录下 Templates 文件夹中的所有模板文件。如果还没有创建任何模板文件，则显示为"没有模板"。

➢　【描述】：在该文本框中可以输入模板文件的描述内容。

➢　【另存为】：在该文本框中可以输入保存的模板的名称。

10.1.3　嵌套模板

嵌套模板其实就是基于另一个模板创建的模板。如果要创建嵌套模板，首先要保存一个基础模板，然后使用基础模板创建新的文档，再把该文档保存为嵌套模板。在这个新的嵌套模板中，可以对基础模板中定义的可编辑区域作进一步的定义。

在一个站点中，利用嵌套模板可以让多个栏目的风格保持一致，只在细节上有所不同。嵌套模板还有利于页面内容的控制、更新和维护。修改基础模板，将自动更新基于该基础模板创建的嵌套模板和基于该基础模板及其嵌套模板的所有网页文档。

10.2 设置模板

模板实际上就是具有固定格式和内容的文件，其功能很强大。在一般情况下，模板页中的所有区域都是被锁定的，为了能添加不同的内容，可以编辑模板中的编辑区域。本节将详细介绍定义与设置模板方面的知识。

10.2.1 定义可编辑区域

在模板中，可编辑区域是页面的一部分。默认情况下，新创建的模板所有区域都处于锁定状态，在编辑之前，需要将模板中的某些区域设置为可编辑区域。下面详细介绍定义可编辑区域的操作方法。

第 1 步 打开准备编辑的模板，将光标定位在名为 news 的 Div 中，**1.** 在【插入】面板中选择【模板】选项，**2.** 单击【可编辑区域】按钮，如图 10-4 所示。

第 2 步 弹出【新建可编辑区域】对话框，**1.** 在【名称】文本框中输入该区域的名称，**2.** 单击【确定】按钮，如图 10-5 所示。

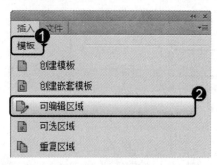

图 10-4

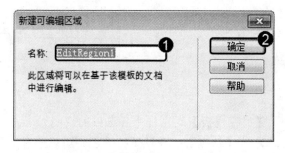

图 10-5

第 3 步 通过以上步骤即可完成将可编辑区域插入到模板页面中的操作。当需要选择可编辑区域时，可以直接单击可编辑区域上面的标签，或者在菜单栏选择【修改】菜单，在弹出的下拉菜单中选择【模板】菜单项，也可选中可编辑区域，如图 10-6 所示。

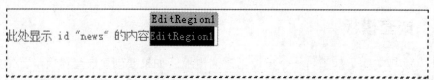

图 10-6

智慧锦囊

如果需要删除某个可编辑区域及其内容，可以选择需要删除的可编辑区域，然后按键盘上的 Delete 键，这样即可将选中的可编辑区域删除。

10.2.2　定义可选区域

可选区域是模板中的区域，可将其设置为在基于模板的文件中显示或隐藏。当要在文件中显示的内容中设置条件时，可使用可选区域。下面详细介绍定义可选区域的操作方法。

第1步　打开准备编辑的模板，将光标定位在名为 news 的 Div 中，**1.** 在【插入】面板中选择【模板】选项，**2.** 单击【可选区域】按钮，如图 10-7 所示。

第2步　弹出【新建可选区域】对话框，单击【确定】按钮，如图 10-8 所示。

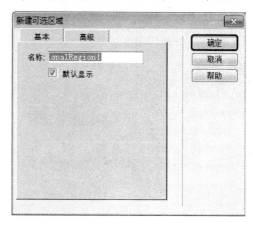

图 10-7　　　　　　　　　　　　　　　　　　图 10-8

第3步　通过上述步骤即可完成定义可选区域的操作，如图 10-9 所示。

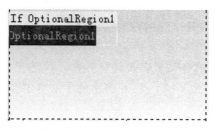

图 10-9

10.2.3　定义重复区域

重复区域是能够根据需要在基于模板的页面中赋值任意次数的模板部分。重复区域通常用于表格，也能够为其他页面元素定义重复区域。在静态页面中的模板，重复区域的概念常被用到。下面详细介绍定义重复区域的操作方法。

第1步　打开准备编辑的模板，将光标定位在名为 news 的 Div 中，**1.** 在【插入】面板中选择【模板】选项，**2.** 单击【重复区域】按钮，如图 10-10 所示。

第2步　弹出【新建重复区域】对话框，单击【确定】按钮，如图 10-11 所示。

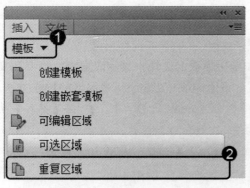

图 10-10   图 10-11

第3步 通过上述步骤即可完成定义可重复区域的操作，如图 10-12 所示。

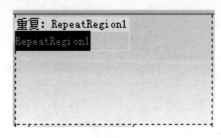

图 10-12

10.2.4 设置可编辑标签属性

利用【修改】菜单可以设置可编辑标签的属性，下面详细介绍设置可编辑标签属性的操作方法。

第1步 将光标定位在准备设置属性的标签中，**1.** 在菜单栏中选择【修改】菜单，**2.** 在弹出的菜单中选择【模板】菜单项，**3.** 在弹出的子菜单中选择【令属性可编辑】菜单项，如图 10-13 所示。

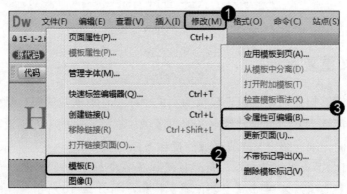

图 10-13

第2步 弹出【可编辑标签属性】对话框，**1.** 在对话框中设置参数，**2.** 单击【确定】按钮，即可完成设置可编辑标签属性的操作，如图 10-14 所示。

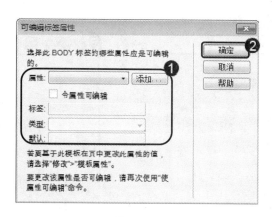

图 10-14

在【可编辑标签属性】对话框中，可以设置以下参数。

➢ 【属性】：如果准备设置可编辑的属性，先单击【添加】按钮，然后在打开的对话框中输入要添加的属性的名称，最后单击【确定】按钮即可。

➢ 【令属性可编辑】：选中该选项后，被选中的属性才可以被编辑。

➢ 【类型】：可编辑属性的类型。若要为属性输入文本值，选择【文本】选项；若要插入元素的链接(如图像的文件路径)，选择【URL】选项；若要使用颜色选择器，选择【颜色】选项；若想在页面上选择 TRUE 或 FALSE 值，选择【真/假】选项；若要更改图像的高度或宽度值，选择【数字】选项。

➢ 【默认】：在该文本框中可以设置该属性的默认值。

10.3　管　理　模　板

在创建模板之后，便可以应用模板并进行相应的管理，如基于模板创建网页、在现有文档中应用模板和更新模板中的页面等操作。本节将详细介绍应用与管理模板方面的知识。

10.3.1　创建基于模板的网页

创建基于模板的网页有很多种方法，下面介绍操作方法。

第 1 步　启动 Dreamweaver CC 程序，*1.* 在菜单栏中选择【文件】菜单，*2.* 在弹出的菜单中选择【新建】菜单项，如图 10-15 所示。

第 2 步　弹出【新建文档】对话框，*1.* 在对话框左侧列表框中选择【网站模板】选项，*2.* 在【站点 "未命名站点 2" 的模板】列表框中选择一个模板，*3.* 单击【创建】按钮，即可完成创建基于模板的网页的操作，如图 10-16 所示。

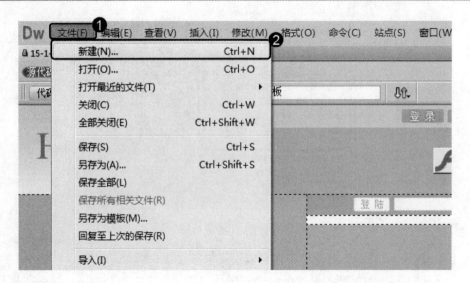

图 10-15

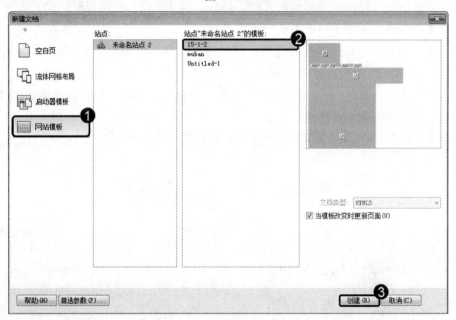

图 10-16

10.3.2 更新模板和基于模板的网页

若要使用模板来更新整个网站或是一个网站里面的几个页面，可以修改模板，然后对其更新。下面详细介绍更新模板中的页面的操作方法。

第1步 对模板进行修改后，**1.** 在菜单栏中选择【修改】菜单，**2.** 在弹出的菜单中选择【模板】菜单项，**3.** 在弹出的子菜单中选择【更新页面】菜单项，如图 10-17 所示。

第2步 弹出【更新页面】对话框，**1.** 在【查看】下拉列表中选择【整个站点】选项，**2.** 在后面的下拉列表中选择站点，**3.** 单击【开始】按钮，如图 10-18 所示。

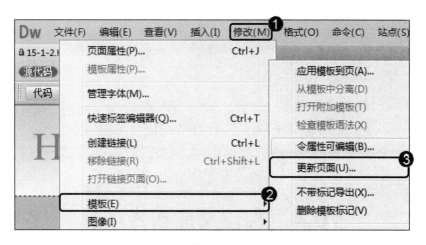

图 10-17

图 10-18

10.3.3　删除页面中使用的模板

如果不希望对应用模板的页面进行更新，可以删除页面中使用的模板。下面详细介绍删除页面使用的模板的操作方法。

第 1 步 打开模板，**1.** 在菜单栏选择【修改】菜单，**2.** 在弹出的菜单中选择【模板】菜单项，**3.** 在弹出的子菜单中选择【从模板中分离】菜单项，如图 10-19 所示。

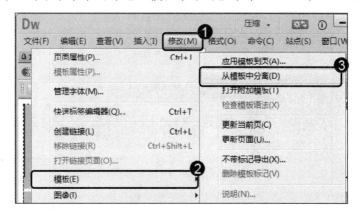

图 10-19

第 2 步 通过以上步骤即可完成删除页面中使用的模板的操作，如图 10-20 所示。

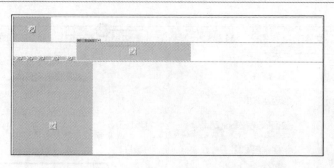

图 10-20

10.4　创建与应用库项目

在 Dreamweaver CC 中，可以把网站中需要重复使用或需要经常更新的页面元素(如图像、文本或其他对象)存入库中，以方便经常使用。本节将详细介绍创建与应用库项目的操作方法。

10.4.1　认识库项目

库是一种特殊的 Dreamweaver 文件，其中包含可放置到网页中的一组单个资源或资源副本，库中的这些资源称为库项目。可在库中存储的项目包括图像、表格、声音和使用 Adobe Flash 创建的文件。在编辑某个库项目后，可以自动更新所有使用该项目的页面。

Dreamweaver CC 将库项目存储在每个站点的本地根文件夹下的 Library 文件夹中。每个站点都有自己的库，使用库比使用模板具有更大的灵活性。

如果库项目中包含链接，则链接可能无法在新站点中工作。此外，库项目中的图像不会被复制到新站点中。

默认情况下，【库】面板显示在【资源】窗格中。在菜单栏中选择【窗口】菜单，在弹出的菜单中选择【资源】菜单项，即可打开【资源】窗格。在【资源】窗格中单击【库】按钮，即可显示【库】面板，如图 10-21 所示。

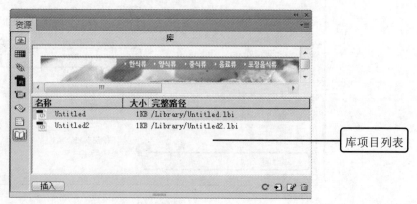

图 10-21

在【库】面板中，各按钮功能如下。

➢ 【插入】：使用该按钮，可以将库项目插入到当前文档中。选中库中的某个项目，单击该按钮，即可将库项目插入到文档中。

➢ 编辑按钮：在编辑按钮区域，包括【刷新站点列表】 、【新建库项目】 、【编辑】和【删除】 等按钮。选中库项目。单击对应的按钮，将执行相应操作。

➢ 库项目列表：在库项目列表区域中，列出了当前库中的所有项目。

10.4.2　创建库项目

在对库内容进行编辑之前，首先需要创建库项目。创建库项目的方法非常简单，下面详细介绍操作方法。

第 1 步 启动 Dreamweaver CC 程序，**1.** 在菜单栏中选择【文件】菜单，**2.** 在弹出的下拉菜单中选择【新建】菜单项，如图 10-22 所示。

图 10-22

第 2 步 弹出【新建文档】对话框，**1.** 在对话框中左侧选择【空白页】选项，**2.** 在【页面类型】列表框中选择【库项目】选项，**3.** 单击【创建】按钮，如图 10-23 所示。

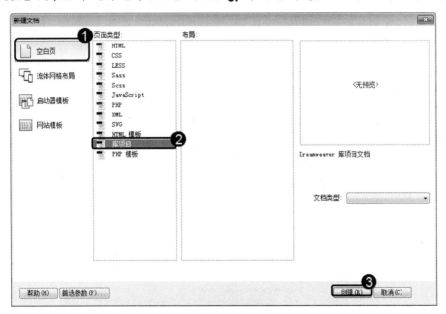

图 10-23

第3步 通过上述步骤即可完成创建库项目的操作，如图 10-24 所示。

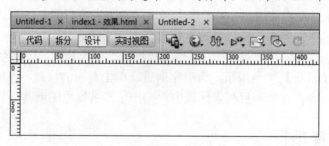

图 10-24

10.4.3 插入库项目

在完成了库项目的创建后，接下来就可以将库项目插入到相应的网页中了，这样在网页的制作过程中可以节省很多时间。下面详细介绍插入库项目的操作方法。

第1步 打开【资源】窗格，单击【库】按钮，如图 10-25 所示。

第2步 在弹出的【库】面板中，*1.* 选中库项目，*2.* 单击【插入】按钮，如图 10-26 所示。

图 10-25

图 10-26

第3步 通过上述步骤即可完成插入库项目的操作，如图 10-27 所示。

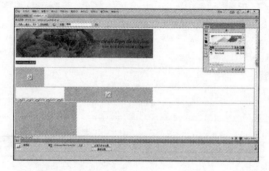

图 10-27

10.4.4　修改库项目

如果需要修改库项目，可以在【资源】窗格的【库】面板中选择需要修改的库项目，然后单击【编辑】按钮 ，在 Dreamweaver 中打开该库项目进行编辑，如图 10-28 所示。

图 10-28

10.4.5　更新库项目

完成库项目的修改后，用户可以对修改后的库项目进行保存并更新，下面详细介绍更新库项目的操作方法。

第 1 步　按 Ctrl+S 组合键保存修改后的库项目，右击库项目列表的空白区域，在弹出的快捷菜单中选择【更新站点】菜单项，如图 10-29 所示。

第 2 步　弹出【更新页面】对话框，单击【开始】按钮，如图 10-30 所示。

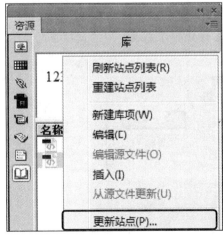

图 10-29

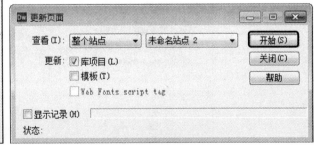

图 10-30

10.5　实践案例与上机指导

通过本章的学习，读者基本可以掌握使用模板和库创建网页的基本知识以及一些常见的操作方法。下面通过练习操作，达到巩固学习、拓展提高的目的。

10.5.1　重命名库项目

在 Dreamweaver CC 中，用户可以重命名库项目，下面介绍操作方法。

第1步 在【库】面板中，右击准备重命名的库项目，在弹出的快捷菜单中选择【重命名】菜单项，如图 10-31 所示。

第2步 在文本框中输入新的名称，按 Enter 键，如图 10-32 所示。

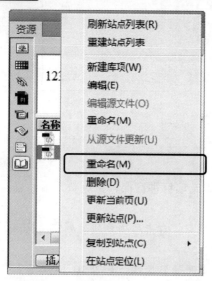

图 10-31

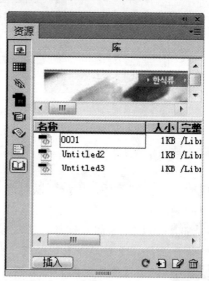

图 10-32

第3步 弹出【更新文件】对话框，单击【更新】按钮即可完成重命名库项目的操作，如图 10-33 所示。

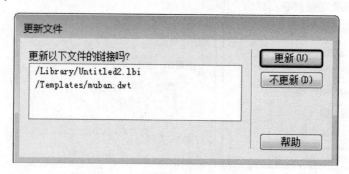

图 10-33

10.5.2　删除库项目

在 Dreamweaver CC 中，如果用户不再准备使用某个库项目时，可以将其删除。下面介绍删除库项目的操作方法。

第1步 在【库】面板中，右击准备重命名的库项目，在弹出的快捷菜单中选择【删除】菜单项，如图 10-34 所示。

第2步 弹出【删除】对话框，单击【是】按钮，如图 10-35 所示。

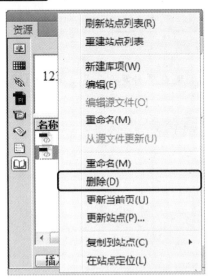

图 10-34

图 10-35

第3步 通过以上步骤即可完成删除库项目的操作，如图 10-36 所示。

图 10-36

10.5.3　恢复删除的库项目

删除一个库项目后，将无法使用撤销命令来找回，只能重新创建。从库中删除项目后，不会更改任何使用该项目的文档的内容，利用它就能恢复删除的库项目。下面详细介绍重新创建已删除库项目的具体操作步骤。

第1步 选中被删除库项目的内容，在【属性】面板中单击【重新创建】按钮，如图 10-37 所示。

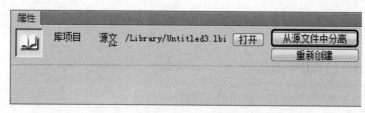

图 10-37

第2步 弹出【覆盖】对话框，提示询问"覆盖现存项目库吗？"，单击【确定】按钮，即可重新创建库项目，如图 10-38 所示。

图 10-38

10.6　思考与练习

一、填空题

1. 模板能够确定页面的基本结构，并且其中可以包含＿＿＿＿＿＿＿＿、图像、页面布局、＿＿＿＿＿＿＿＿和＿＿＿＿＿＿＿＿等对象。

2. 模板会自动锁定文档中的大部分区域。模板设计者可以定义基于模板的页面中哪些区域是可编辑的，方法是在模板中插入＿＿＿＿＿＿＿＿。

3. 模板实际上也是一种文档，其扩展名为＿＿＿＿＿＿＿＿＿＿，存放在站点根目录下的＿＿＿＿＿＿＿＿＿＿文件夹中，如果该＿＿＿＿＿＿＿＿＿＿文件夹在站点中尚不存在，Dreamweaver 将在保存新建的模板时自动创建。

4. 如果要创建嵌套模板，首先要保存一个＿＿＿＿＿＿＿＿，然后使用基础模板创建新的文档，再把该文档保存为＿＿＿＿＿＿＿＿。在这个新的嵌套模板中，可以对基础模板中定义的＿＿＿＿＿＿＿＿作进一步的定义。

5. ＿＿＿＿＿＿＿＿实际上就是具有固定格式和内容的文件，其功能很强大。在一般情况下，模板页中的所有区域都是＿＿＿＿＿＿＿＿，为了能添加不同的内容，可以编辑模板中的编辑区域。

二、判断题

1. 模板与基于模板的网页文件之间保持了一种链接的状态，它们之间共同的内容也能够保持完全一致。 （ ）

2. 在创建模板时，可编辑区域可以更改，锁定区域不可以更改。在基于模板的文档中，用户只能在可编辑区域中进行修改，锁定区域则无法进行任何操作。 （ ）

3. 修改基础模板将自动更新基于该基础模板创建的嵌套模板和基于该基础模板及其嵌套模板的所有网页文档。 （ ）

4. 在一个整体站点中，利用嵌套模板可以让多个栏目的风格保持一致，只在细节上有所不同。嵌套模板还有利于页面内容的控制、更新和维护。 （ ）

5. 在模板中，可编辑区域是页面的一部分，默认情况下，新创建的模板所有区域都处于锁定状态。 （ ）

三、思考题

1. 如何重命名模板？
2. 如何删除库项目？

新起点
电脑教程

第11章

在网页中插入表单

本章要点

- 表单概述
- 添加表单
- 网页元素
- 日期与时间元素
- 选择元素
- 按钮元素

本章主要内容

本章主要介绍表单概述、添加表单、网页元素、日期与时间元素、选择元素以及按钮元素方面的知识与技巧。在本章的最后，还针对实际的工作需求，讲解了插入文件对象、插入隐藏对象以及插入文本区域对象的方法。通过本章的学习，读者可以掌握在网页中插入表单方面的知识，为深入学习Dreamweaver奠定基础。

11.1 表单概述

表单提供了从用户那里收集信息的方法，可以用于调查、订购和搜索等功能。一般的表单由两部分组成：一是描述表单元素的 HTML 源代码；二是客户端脚本，或者是服务器端用来处理用户所填写信息的程序。

11.1.1 关于表单

表单是 Internet 用户和服务器进行信息交流的最重要的工具。通常，一个表单中会包含多个对象，有时也称为控件，如用于输入文本的文本域、用于发送命令的按钮、用于选择项目的单选按钮和复选按钮，以及用于显示选项列表的列表框等。

当访问者将信息输入到表单并单击提交按钮时，这些信息将被发送到服务器。服务器端脚本或应用程序对这些信息进行处理，并将请求信息发送回用户或基于该表单内容执行一些操作来进行响应。通常，服务器通过通用网关接口(CGI)脚本、ColdFusion 页、JSP、PHP 或 ASP 来处理信息。如果不使用服务器端脚本或应用程序来处理表单，就无法收集这些数据。

表单是网页中所包含的单元，如同 HTML 的 Div。所有的表单元素都包含在<form>与</form>标签中。表单与 Div 的区别是在页面中可以插入多个表单，但是不可以像 Div 那样嵌套表单。

一个完整的表单设计应该很明确地分为表单对象部分和应用程序部分，它们分别由网页设计师和程序师来设计完成。其过程如下：首先由网页设计师制作出一个可以让浏览者输入各项资料的表单页面，这部分属于在显示器上可以看得到的内容，此时的表单是一个外壳而已，不具有真正工作的能力，需要后台程序的支持；接着由程序设计师通过 ASP 或 CGI 程序，来编写处理各项表单资料和反馈信息等操作所需的程序，这部分浏览者虽然看不见，但却是表单处理的核心。

11.1.2 常用表单元素

在 Dreamweaver CC 的【插入】面板中有一个【表单】区域。切换到【表单】区域，可以看到能够在网页中插入的所有表单元素的按钮，如图 11-1、图 11-2、图 11-3 所示。

> 【表单】：单击该按钮，可以在网页中插入一个表单域。所有表单元素要想实现作用，就必须存在于表单域中。

> 【文本】：单击该按钮，在表单域中插入一个可以输入一行文本的文本域。文本域可以接收任何类型的文本、字母与数字内容。

> 【密码】：单击该按钮，在表单域中插入密码域。密码域可以接收任何类型的文本、字母与数字内容。在以密码域方式显示的时候，输入的文本会以星号或项目符号的方式显示，这样可以避免其他用户看到这些文本信息。

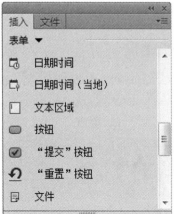

图 11-1　　　　　　　　　　图 11-2　　　　　　　　　　图 11-3

➢ 【文本区域】：单击该按钮，在表单域中插入一个可以输入多行文本的文本区域。

➢ 【按钮】：单击该按钮，在表单域中插入一个普通按钮。此按钮可以执行某一脚本或程序，并且用户还可以自定义按钮的名称和标签。

➢ 【"提交"按钮】：单击该按钮，在表单域中插入一个【提交】按钮。该按钮用于向表单处理程序提交表单域中所填写的内容。

➢ 【"重置"按钮】：单击该按钮，在表单域中插入一个【重置】按钮。该按钮会将所有的表单字段重置为初始值。

➢ 【文件】：单击该按钮，在表单域中插入一个文本字段和一个【浏览】按钮。浏览者可以使用文件域浏览本地计算机上的某个文件并将该文件作为表单数据上传。

➢ 【图像按钮】：单击该按钮，在表单域中插入一个可放置图像的区域。放置的图像用于生成图形化的按钮，例如【提交】或【重置】按钮。

➢ 【隐藏】：单击该按钮，在表单域中插入一个隐藏域。隐藏域可以存储用户输入的信息，如姓名、电子邮件地址或常用的查看方式，在用户下次访问该网站的时候使用这些数据。

➢ 【选择】：单击该按钮，在表单域中插入选择列表或菜单。【列表】选项用于在一个列表框中显示选项值，浏览者可以从该列表框中选择多个选项。【菜单】选项则是在一个菜单中显示选项值，浏览者只能从中选择单个选项。

➢ 【单选按钮】：单击该按钮，在表单域中插入一个单选按钮。单选按钮代表相互排斥的选择。在某一个单选按钮组(由两个或多个共享统一名称的按钮组成)中选择一组单选按钮，也就是直接插入多个(两个或两个以上)单选按钮。

➢ 【单选按钮组】：单击该按钮，在表单区域中插入一组单选按钮。

➢ 【复选框】：单击该按钮，在表单域中插入一个复选框。复选框允许在一组选项中选择多个选项，即用户可以选择任意多个适用的选项。

➢ 【复选框组】：单击该按钮，在表单域中插入一组复选框，即复选框组能够同时添加多个复选框。在【复选框组】对话框中可以添加或删除复选框的数量，在【标签】和【值】列表框中可以输入需要更改的内容，如图 11-4 所示。

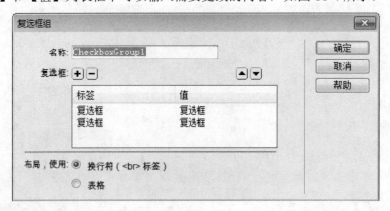

图 11-4

> 【域集】：单击该按钮，在表单域中插入一个域集标签<fieldset>。<fieldset>标签用于将表单中的相关元素分组。<fieldset>标签将表单内容一部分打包，生成一组相关表单的字段。<fieldset>标签没有必需的或唯一的属性。当把一组表单元素放到<fieldset>标签中时，浏览器会以特殊方式来显示它们。

> 【标签】：单击该按钮，在表单域中插入<label>标签。label 元素不会向用户呈现任何特殊的样式，不过，它为鼠标用户改善了可用性，因为如果用户单击 label 元素内的文本就会切换到控件本身。<label>标签的 for 属性应该等于相关元素的 id 元素，以便将它们捆绑起来。

11.1.3 HTML5 表单元素

Dreamweaver CC 中提供了对 CSS 3.0 和 HTML5 的强大支持，在【插入】面板的【表单】区域新增了多种 HTML5 表单元素的插入按钮，以便用户快速地在网页中插入并应用 HTML5 表单元素，如图 11-5 和图 11-6 所示。

图 11-5

图 11-6

➢ 【电子邮件】：单击该按钮，可以在表单域中插入电子邮件类型元素。电子邮件类型用于应该包含 E-mail 地址的输入域，在提交表单时会自动验证 E-mail 域的值。

➢ 【Url】：单击该按钮，可以在表单域中插入 Url 类型属性。Url 属性用于返回当前文档的 URL。

➢ 【Tel】：单击该按钮，可以在表单域中插入 Tel 类型元素，其应用于电话号码的文本字段。

➢ 【搜索】：单击该按钮，可以在表单域中插入搜索类型元素，其应用于搜索的文本字段。Search 属性是一个可读、可写的字符串，可设置或返回当前 URL 的查询部分(问号"？"之后的部分)。

➢ 【数字】：单击该按钮，可以在表单域中插入数字类型元素，其应用于带有 spinner 控件的数字字段。

➢ 【范围】：单击该按钮，可以在表单域中插入范围类型元素。Range 对象表示文档的连续范围区域，如用户在浏览器窗口中用鼠标拖动选中的区域。

➢ 【颜色】：单击该按钮，可以在表单域中插入颜色类型元素，color 属性用于设置文本的颜色(元素的前景色)。

➢ 【月】：单击该按钮，可以在表单域中插入月类型元素，其应用于日期字段的月(带有 calendar 控件)。

➢ 【周】：单击该按钮，可以在表单域中插入周类型元素，其应用于日期字段的周(带有 calendar 控件)。

➢ 【日期】：单击该按钮，可以在表单域中插入日期类型元素，其应用于日期字段(带有 calendar 控件)。

➢ 【时间】：单击该按钮，可以在表单域中插入时间类型元素，其应用于时间字段的时、分、秒(带有 time 控件)。<time>标签用于定义公历的时间(24 小时制)或日期，时间和时区偏移是可选的。该元素能够以计算机刻度的方式对日期和时间进行编码。

➢ 【日期时间】：单击该按钮，可以在表单域中插入日期时间类型元素，其应用于日期字段(带有 calendar 和 time 控件)，datetime 属性用于规定文本被删除的日期和时间。

➢ 【日期时间(当地)】：单击该按钮，可以在表单域中插入日期时间(当地)类型元素，其应用于日期字段(带有 calendar 和 time 控件)。

11.2　添 加 表 单

每个表单都是由一个表单域和若干个表单元素组成的。本节将详细介绍如何在网页中插入表单元素，并对表单元素进行设置。

11.2.1 插入表单域

表单域是表单中必不可少的一项元素。所有的表单元素都要放在表单域中才会有效，制作表单页面的第一步就是插入表单域。下面详细介绍插入表单域的操作方法。

第1步 启动 Dreamweaver CC 程序，在【插入】面板中，*1.* 选择【表单】选项，*2.* 单击【表单】按钮，如图 11-7 所示。

第2步 在 Dreamweaver CC 插入表单域的操作完成，如图 11-8 所示。

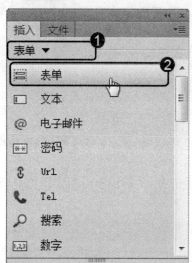

图 11-7

图 11-8

智慧锦囊

插入表单域后，如果在 Dreamweaver【设计】视图中并没有显示红色的虚线框，可以选择【查看】菜单，在弹出的下拉菜单中选择【可视化助理】菜单项，在弹出的子菜单中选择【不可见元素】菜单项，即可看到红色虚线框的表单域。红色虚线的表单域在浏览器中浏览时是看不到的。

将光标移动到表单域中，在标签选择器中单击<form#form1>标签，即可将表单域选中，之后可以在【属性】面板中对表单域的属性进行设置，如图 11-9 所示。

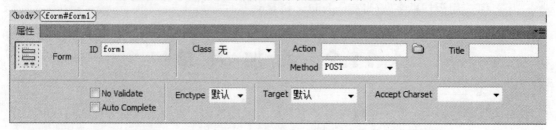

图 11-9

➤ ID：用来设置表单的名称。为了正确地处理表单，一定要给表单设置一个名称。

➤ Class：在下拉列表中可以选择已经定义好的 CSS 样式。

➤ Action：用来设置处理这个表单的服务器端脚本的路径。如果希望该表单通过 E-mail 方式发送，而不被服务器脚本处理，需要在 Action 文本框中输入 "mailto："和希望发送到的 E-mail 地址。

➤ Method：用来设置将表单数据发送到服务器的方法，共有 3 个选项，分别是【默认】、【POST】和【GET】。如果选择【默认】或【GET】选项，将以 GET 方法发送表单数据，即把表单数据附加到请求 URL 中发送。如果选择【POST】选项，将以 POST 方法发送表单数据，即把表单数据嵌入到 HTTP 请求中发送。

➤ Title：该选项用于设置表单域的标题名称。

➤ No Validate：HTML5 新增的表单属性，选中该复选框，表示当提交表单时不对表单中的内容进行验证。

➤ Auto Complete：HTML5 新增的表单属性，选中该复选框，表示启用表单的自动完成功能。

➤ Enctype：用来设置发送数据的编码类型，共有两个选项，分别是 application/x-www-form-urlencoded 和 multipart/form-data，默认的编码类型是 application/x-www-form-urlencoded。application/x-www-form- urlencoded 通常和 POST 方法协同使用，如果表单中包含文件上传域，则应该选择 multipart/form-data。

➤ Target：该选项用于设置表单被处理后使网页打开的方式，共有 6 个选项，分别是默认、__blank、__new、__parent、__self 和__top，网站默认的打开方式是在原窗口中打开。

➤ Accept Charset：该选项用于设置服务器处理表单数据所接受的字符集，在该下拉列表中共有 3 个选项，分别是【默认】、UTF-8 和 ISO-8859-1。

11.2.2 插入文本域

在文本域中可以输入任何类型的文本、数字或字母，文本域也是汇总最常用的一种表单元素。下面详细介绍插入文本域的操作方法。

第 1 步 启动 Dreamweaver CC 程序，在【插入】面板中，*1.* 选择【表单】选项，*2.* 单击【文本】按钮，如图 11-10 所示。

图 11-10

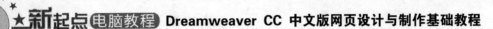

第 2 步 在 Dreamweaver CC 插入文本域的操作完成，如图 11-11 所示。

图 11-11

选择在页面中插入的文本域，在【属性】面板中可以对文本域的属性进行相应设置，如图 11-12 所示。

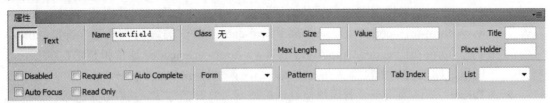

图 11-12

> Name：在该文本框中可以为文本域指定一个名称。每个文本域都必须有一个唯一的名称，该名称必须在表单内唯一标识该文本域。表单元素的名称中不能包含空格或特殊字符，可以使用字母、数字字符和下划线的任意组合。注意，为文本域指定的名称最好便于记忆。

> Size：该文本框用于设置文本域中最多可以显示的字符数。

> Max Length：该文本框用于设置文本域中最多可以输入的字符数。如果不对该选项进行设置，则浏览者可以输入任意数量的文本。

> Value：在该文本框中可以输入一些提示性的文本，以帮助浏览者顺利填写该文本域中的资料。在浏览者输入资料时，初始文本将被输入的内容代替。

> Tittle：该选项用于设置文本域的标题。

> Place Holder：HTML5 新增的表单属性，用于设置文本域预期值的提示信息，该提示信息会在文本域为空时显示，并在文本域获得焦点时消失。

> Disabled：选中该复选框，表示禁用该文本字段，被禁用的文本域既不可用，也不可单击。

> Auto Focus：HTML5 新增的表单属性，选中该复选框，当网页被加载时，该文本域会自动获得焦点。

> Required：HTML5 新增的表单属性，选中该复选框，则在提交表单之前必须填写所选文本域。

- Read Only：选中该复选框，表示所选文本域为只读属性，不能对该文本域中的内容进行修改。
- Auto Complete：HTML5 新增的表单属性，选中该复选框，表示启用表单的自动完成功能。
- Form：该属性用于设置与表单元素相关的表单标签的 ID，可以在该选项后的下拉列表中选择网页中已经存在的表单域标签。
- Pattern：HTML5 新增的表单属性，用于设置文本域值的模式或格式。例如 pattern=" [0-9] "，表示输入值必须是 0~9 之间的数字。
- Tab Index：该属性用于设置表单元素的 Tab 键控制次序。
- List：HTML5 新增的表单属性，用于设置引用数据列表，其中包含文本域的预定义选项。

11.3　网 页 元 素

表单中的网页元素包括表单密码、Url 对象、Tel 对象、搜索对象、数字对象、范围对象、颜色对象、电子邮件等，本节将详细介绍在表单中插入网页元素的操作方法。

11.3.1　表单密码

密码域和文本域的形式是一样的，只是在密码域中输入的内容会以星号或原点的方式显示。在 Dreamweaver CC 中，将密码域单独作为一个表单元素，下面详细介绍插入密码域的操作方法。

第 1 步　启动 Dreamweaver CC 程序，在【插入】面板中，1. 选择【表单】选项，2. 单击【密码】按钮，如图 11-13 所示。

第 2 步　在 Dreamweaver CC 中插入密码域的操作完成，如图 11-14 所示。

图 11-13

图 11-14

11.3.2　Url 对象

Url 表单元素是专门为输入 Url 地址而定义的文本框，在文本框输入文本格式时，如果该文本框中的内容不符合 Url 地址的格式，则会提示验证错误。下面详细介绍插入 Url 对象的操作方法。

第 1 步 启动 Dreamweaver CC 程序，在【插入】面板中，**1.** 选择【表单】选项，**2.** 单击 Url 按钮，如图 11-15 所示。

第 2 步 在 Dreamweaver CC 中插入 Url 对象的操作完成，如图 11-16 所示。

图 11-15

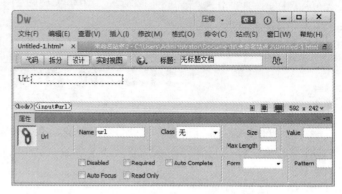

图 11-16

11.3.3　Tel 对象

Tel 类型的表单元素是专门为输入电话号码而定义的文本框，没有特殊的验证规则。下面详细介绍插入 Tel 对象的操作方法。

第 1 步 启动 Dreamweaver CC 程序，在【插入】面板中，**1.** 选择【表单】选项，**2.** 单击 Tel 按钮，如图 11-17 所示。

第 2 步 在 Dreamweaver CC 中插入 Tel 对象的操作完成，如图 11-18 所示。

图 11-17

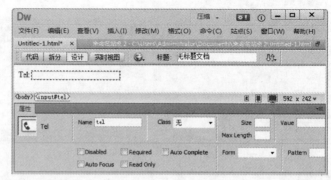

图 11-18

11.3.4　搜索对象

搜索表单元素是专门为输入搜索引擎关键词而定义的文本框，没有特殊的验证规则。下面详细介绍插入搜索表单元素的操作方法。

第1步　启动 Dreamweaver CC 程序，在【插入】面板中，**1.** 选择【表单】选项，**2.** 单击【搜索】按钮，如图 11-19 所示。

第2步　在 Dreamweaver CC 中插入搜索对象的操作完成，如图 11-20 所示。

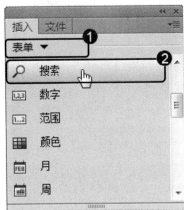

图 11-19

图 11-20

11.3.5　数字对象

数字表单元素是专门为输入特定的数字而定义的文本框，具有 Min、Max 和 Step 特性，表示允许范围的最小值、最大值和调整步长。下面详细介绍插入数字表单元素的操作方法。

第1步　启动 Dreamweaver CC 程序，在【插入】面板中，**1.** 选择【表单】选项，**2.** 单击【数字】按钮，如图 11-21 所示。

第2步　在 Dreamweaver CC 中插入数字对象的操作完成，如图 11-22 所示。

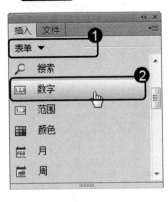

图 11-21

图 11-22

第3步　选中插入的数字对象，就可以在【属性】面板中设置相关属性，如图 11-23

所示。

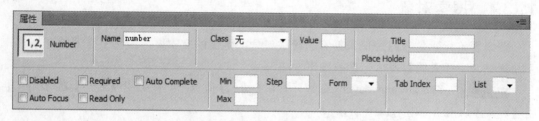

图 11-23

11.3.6 范围对象

范围表单元素是将输入框显示为滑动条，其作用是作为某一特定范围内的数值选择器。它和数字表单元素一样具有 Min 和 Max 特性，表示选择范围的最小值(默认值为 0)和最大值(默认值为 100)；也具有 Step 特性，表示拖动步长(默认值为 1)。下面详细介绍插入范围表单元素的操作方法。

第 1 步 启动 Dreamweaver CC 程序，在【插入】面板中，**1.** 选择【表单】选项，**2.** 单击【范围】按钮，如图 11-24 所示。

第 2 步 在 Dreamweaver CC 中插入范围对象的操作完成，如图 11-25 所示。

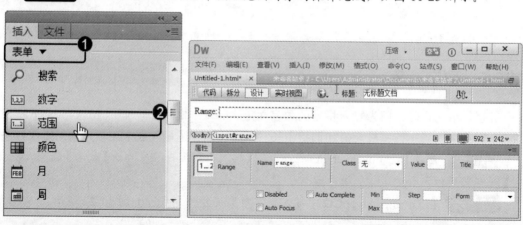

图 11-24   图 11-25

第 3 步 选中插入的范围对象，就可以在【属性】面板中设置相关属性，如图 11-26 所示。

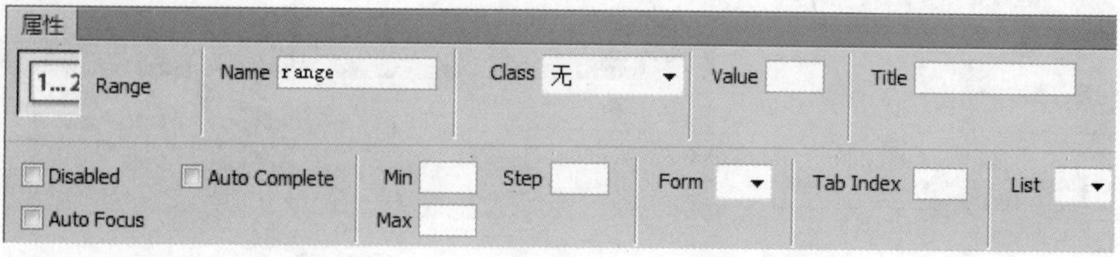

图 11-26

11.3.7　颜色对象

颜色表单元素应用于网页中时，会默认提供一个颜色选择器，但大部分浏览器不支持，只在 Chrome 浏览器中可以看到颜色元素的效果。下面详细介绍插入颜色表单元素的操作。

第1步　启动 Dreamweaver CC 程序，在【插入】面板中，*1.* 选择【表单】选项，*2.* 单击【颜色】按钮，如图 11-27 所示。

第2步　在 Dreamweaver CC 中插入颜色对象的操作完成，如图 11-28 所示。

图 11-27

图 11-28

第3步　单击网页中的颜色表单元素的颜色块，弹出【颜色】对话框，可以在其中选择颜色，如图 11-29 和图 11-30 所示。

图 11-29

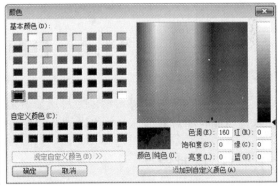

图 11-30

11.3.8　电子邮件对象

新增的电子邮件表单元素是专门为输入 E-mail 地址而定义的文本框，主要是为了验证输入的文本是否符合 E-mail 地址的格式，并会提示验证错误。下面详细介绍插入电子邮件表单元素的操作方法。

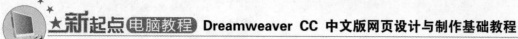
第1步 启动 Dreamweaver CC 程序，在【插入】面板中，*1.* 选择【表单】选项，*2.* 单击【电子邮件】按钮，如图 11-31 所示。

第2步 在 Dreamweaver CC 中插入电子邮件对象的操作完成，如图 11-32 所示。

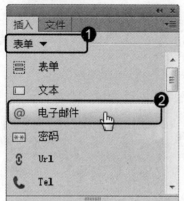

图 11-31   图 11-32

第3步 选中插入的电子邮件对象，就可以在【属性】面板中设置相关属性，如图 11-33 所示。

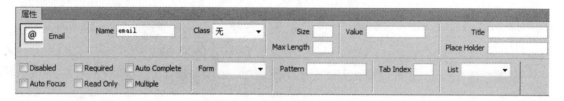

图 11-33

11.4 日期与时间元素

表单中的日期与时间元素包括月对象、周对象、日期对象、时间对象、日期时间对象和本地日期时间对象等。本节将详细介绍在表单中插入日期与时间元素的操作方法。

11.4.1 月对象

在 Dreamweaver CC 中插入月表单元素，网页会提供一个月选择器。下面详细介绍插入月对象的操作方法。

第1步 启动 Dreamweaver CC 程序，在【插入】面板中，*1.* 选择【表单】选项，*2.* 单击【月】按钮，如图 11-34 所示。

第2步 在 Dreamweaver CC 中插入月对象的操作完成，如图 11-35 所示。

图 11-34   图 11-35

第 3 步 选中插入的月对象，就可以在【属性】面板中设置相关属性，如图 11-36 所示。

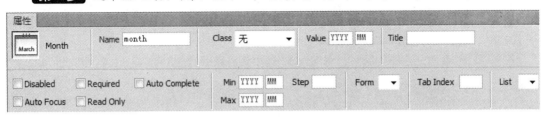

图 11-36

11.4.2 周对象

在 Dreamweaver CC 中插入周表单元素，网页会提供一个周选择器。下面详细介绍插入周对象的操作方法。

第 1 步 启动 Dreamweaver CC 程序，在【插入】面板中，*1.* 选择【表单】选项，*2.* 单击【周】按钮，如图 11-37 所示。

第 2 步 在 Dreamweaver CC 中插入周对象的操作完成，如图 11-38 所示。

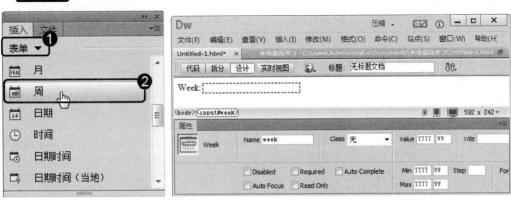

图 11-37   图 11-38

第3步 选中插入的周对象, 就可以在【属性】面板中设置相关属性, 如图 11-39 所示。

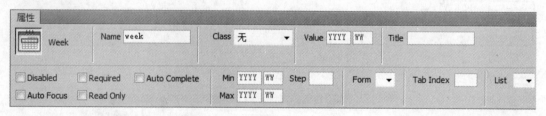

图 11-39

11.4.3 日期对象

在 Dreamweaver CC 中插入日期表单元素, 网页会提供一个日期选择器, 下面详细介绍插入日期对象的操作方法。

第1步 启动 Dreamweaver CC 程序, 在【插入】面板中, **1.** 选择【表单】选项, **2.** 单击【日期】按钮, 如图 11-40 所示。

第2步 在 Dreamweaver CC 中插入日期对象的操作完成, 如图 11-41 所示。

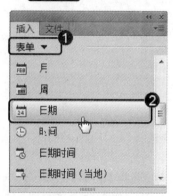

图 11-40

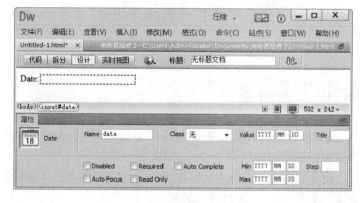

图 11-41

第3步 选中插入的日期对象, 就可以在【属性】面板中设置相关属性, 如图 11-42 所示。

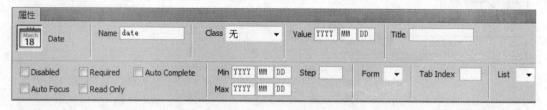

图 11-42

11.4.4 时间对象

在 Dreamweaver CC 中插入时间表单元素, 网页会提供一个时间选择器。下面详细介绍插入时间对象的操作方法。

第 1 步　启动 Dreamweaver CC 程序，在【插入】面板中，**1.** 选择【表单】选项，**2.** 单击【时间】按钮，如图 11-43 所示。

第 2 步　在 Dreamweaver CC 中插入时间对象的操作完成，如图 11-44 所示。

图 11-43

图 11-44

第 3 步　选中插入的时间对象，就可以在【属性】面板中设置相关属性，如图 11-45 所示。

图 11-45

11.4.5　日期时间对象

在 Dreamweaver CC 中还可以插入日期时间表单元素，下面详细介绍插入日期时间对象的操作方法。

第 1 步　启动 Dreamweaver CC 程序，在【插入】面板中，**1.** 选择【表单】选项，**2.** 单击【日期时间】按钮，如图 11-46 所示。

第 2 步　在 Dreamweaver CC 中插入日期时间对象的操作完成，如图 11-47 所示。

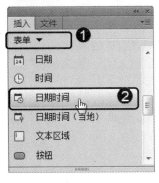

图 11-46

图 11-47

第3步 选中插入的日期时间对象,就可以在【属性】面板中设置相关属性,如图 11-48 所示。

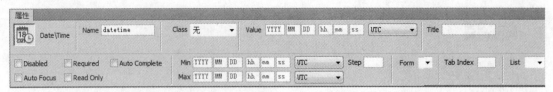

图 11-48

11.4.6 本地日期时间对象

在 Dreamweaver CC 中还可以插入本地日期时间表单元素,下面详细介绍插入本地日期时间对象的操作方法。

第1步 启动 Dreamweaver CC 程序,在【插入】面板中,*1.* 选择【表单】选项,*2.* 单击【日期时间(当地)】按钮,如图 11-49 所示。

第2步 在 Dreamweaver CC 中插入本地日期时间对象的操作完成,如图 11-50 所示。

图 11-49

图 11-50

第3步 选中插入的本地日期时间对象,就可以在【属性】面板中设置相关属性,如图 11-51 所示。

图 11-51

第4步 单击网页中的本地日期时间表单元素的下拉按钮,弹出日期时间列表框,可以在其中选择日期时间,如图 11-52 所示。

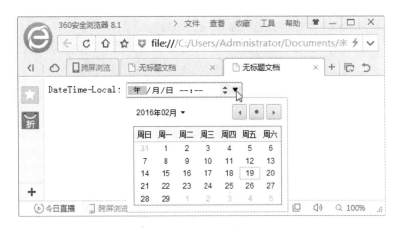

图 11-52

11.5　选 择 元 素

表单中的选择元素包括选择对象、单选按钮、单选按钮组、复选框、复选框组等。本节将详细介绍在表单中插入选择元素的操作方法。

11.5.1　选择对象

用户还可以在表单中插入选择对象。在表单中插入选择对象的方法非常简单，下面详细介绍操作方法。

第1步　启动 Dreamweaver CC 程序，在【插入】面板中，*1.* 选择【表单】选项，*2.* 单击【选择】按钮，如图 11-53 所示。

第2步　在 Dreamweaver CC 中插入选择对象的操作完成，如图 11-54 所示。

图 11-53

图 11-54

第3步　选中插入的选择对象，就可以在【属性】面板中设置相关属性，如图 11-55 所示。

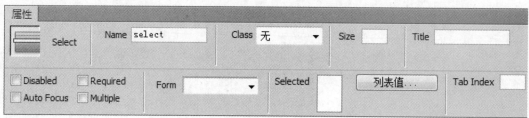

图 11-55

11.5.2 单选按钮对象

在表单中插入单选按钮对象的方法非常简单，下面详细介绍操作方法。

第1步 启动 Dreamweaver CC 程序，在【插入】面板中，**1.** 选择【表单】选项，**2.** 单击【单选按钮】按钮，如图 11-56 所示。

第2步 在 Dreamweaver CC 中插入单选按钮对象的操作完成，如图 11-57 所示。

图 11-56

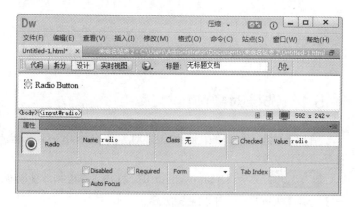

图 11-57

第3步 选中插入的单选按钮对象，就可以在【属性】面板中设置相关属性，如图 11-58 所示。

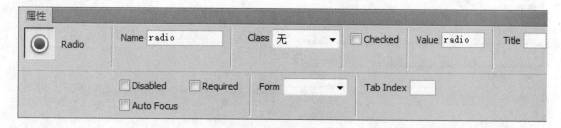

图 11-58

11.5.3 单选按钮组对象

在表单中插入单选按钮组对象的方法非常简单，下面详细介绍操作方法。

第1步 启动 Dreamweaver CC 程序,在【插入】面板中,*1.* 选择【表单】选项,*2.* 单击【单选按钮组】按钮,如图 11-59 所示。

第2步 弹出【单选按钮组】对话框,*1.* 在【单选按钮】列表框中添加按钮,*2.* 单击【确定】按钮,如图 11-60 所示。

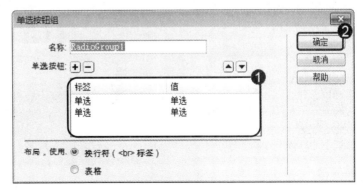

图 11-59 图 11-60

第3步 在 Dreamweaver CC 中插入单选按钮组的操作完成,如图 11-61 所示。

图 11-61

第4步 选中插入的单选按钮组对象,就可以在【属性】面板中设置相关属性,如图 11-62 所示。

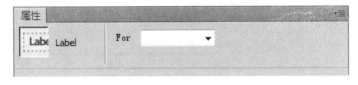

图 11-62

11.5.4 复选框对象

在表单中插入复选框对象的方法非常简单,下面详细介绍操作方法。

第1步 启动 Dreamweaver CC 程序，在【插入】面板中，*1.* 选择【表单】选项，*2.* 单击【复选框】按钮，如图 11-63 所示。

第2步 在 Dreamweaver CC 中插入复选框的操作完成，如图 11-64 所示。

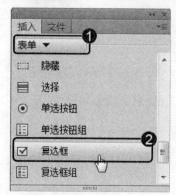

图 11-63

图 11-64

第3步 选中插入的复选框对象，就可以在【属性】面板中设置相关属性，如图 11-65 所示。

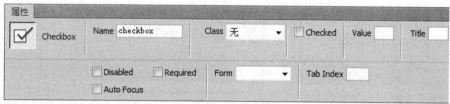

图 11-65

11.5.5 复选框组对象

在表单中插入复选框组对象的方法非常简单，下面详细介绍操作方法。

第1步 启动 Dreamweaver CC 程序，在【插入】面板中，*1.* 选择【表单】选项，*2.* 单击【复选框组】按钮，如图 11-66 所示。

第2步 弹出【复选框组】对话框，*1.* 在【复选框】列表框中添加按钮，*2.* 单击【确定】按钮，如图 11-67 所示。

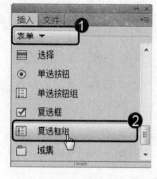

图 11-66

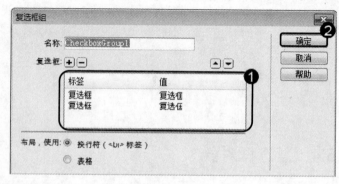

图 11-67

第 3 步　在 Dreamweaver CC 中插入复选框组的操作完成，如图 11-68 所示。

图 11-68

第 4 步　选中插入的复选框组对象，就可以在【属性】面板中设置相关属性，如图 11-69 所示。

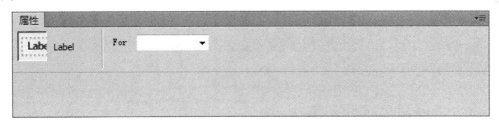

图 11-69

11.6　按　钮　元　素

表单中的按钮元素包括普通按钮、"提交"按钮、"重置"按钮、图像按钮等，本节将详细介绍在表单中插入按钮元素的操作方法。

11.6.1　普通按钮

用户还可以在表单中插入普通按钮对象，在表单中插入普通按钮对象的方法非常简单，下面详细介绍在表单中插入普通按钮对象的操作方法。

第 1 步　启动 Dreamweaver CC 程序，在【插入】面板中，**1.** 选择【表单】选项，**2.** 单击【按钮】按钮，如图 11-70 所示。

第 2 步　在 Dreamweaver CC 中插入普通按钮对象的操作完成，如图 11-71 所示。

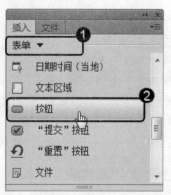

图 11-70

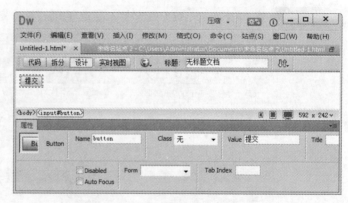

图 11-71

第3步 选中插入的按钮对象，就可以在【属性】面板中设置相关属性，如图 11-72 所示。

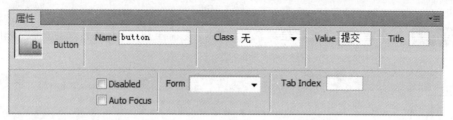

图 11-72

11.6.2 "提交"按钮对象

在表单中插入"提交"按钮对象的方法非常简单，下面详细介绍操作方法。

第1步 启动 Dreamweaver CC 程序，在【插入】面板中，**1.** 选择【表单】选项，**2.** 单击【"提交"按钮】按钮，如图 11-73 所示。

第2步 在 Dreamweaver CC 中插入"提交"按钮对象的操作完成，如图 11-74 所示。

图 11-73

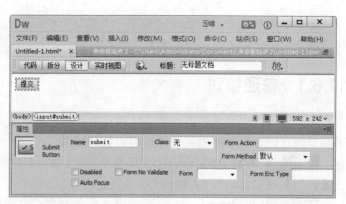

图 11-74

第3步 选中插入的"提交"按钮对象，就可以在【属性】面板中设置相关属性，如图 11-75 所示。

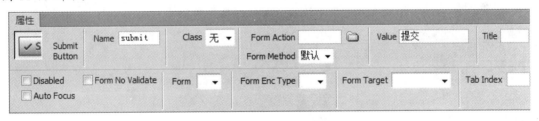

图 11-75

11.6.3 "重置"按钮对象

在表单中插入"重置"按钮对象的方法非常简单，下面详细介绍操作方法。

第1步 启动 Dreamweaver CC 程序，在【插入】面板中，*1.* 选择【表单】选项，*2.* 单击【"重置"按钮】按钮，如图 11-76 所示。

第2步 在 Dreamweaver CC 中插入"重置"按钮对象的操作完成，如图 11-77 所示。

图 11-76

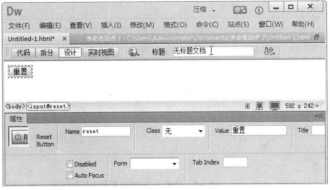

图 11-77

第3步 选中插入的"重置"按钮对象，就可以在【属性】面板中设置相关属性，如图 11-78 所示。

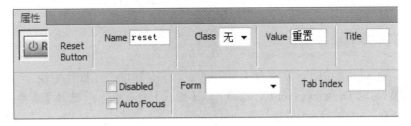

图 11-78

11.6.4 图像按钮对象

在表单中插入图像按钮对象的方法非常简单，下面详细介绍操作方法。

第1步 启动 Dreamweaver CC 程序，在【插入】面板中，**1.** 选择【表单】选项，**2.** 单击【图像按钮】按钮，如图 11-79 所示。

第2步 在 Dreamweaver CC 中插入图像按钮对象的操作完成，如图 11-80 所示。

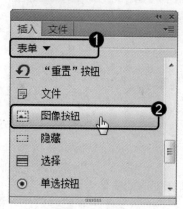

图 11-79

图 11-80

第3步 选中插入的图像按钮对象，就可以在【属性】面板中设置相关属性，如图 11-81 所示。

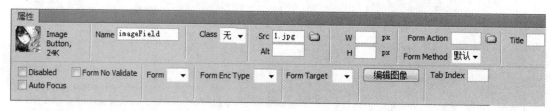

图 11-81

11.7 实践案例与上机指导

通过本章的学习，读者基本可以掌握在网页中插入表单的基本知识以及一些常见的操作方法。下面通过练习操作，达到巩固学习、拓展提高的目的。

11.7.1 文件对象

在表单中插入图像按钮对象的方法非常简单，下面详细介绍操作方法。

第1步 启动 Dreamweaver CC 程序，在【插入】面板中，**1.** 选择【表单】选项，**2.** 单击【文件】按钮，如图 11-82 所示。

第2步 在 Dreamweaver CC 中插入文件对象的操作完成，如图 11-83 所示。

第3步 选中插入的文件对象，就可以在【属性】面板中设置相关属性，如图 11-84 所示。

图 11-82   图 11-83

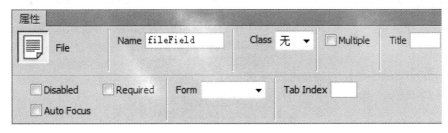

图 11-84

11.7.2　隐藏对象

在表单中插入隐藏对象的方法非常简单，下面详细介绍操作方法。

第 1 步　启动 Dreamweaver CC 程序，在【插入】面板中，*1.* 选择【表单】选项，*2.* 单击【隐藏】按钮，如图 11-85 所示。

第 2 步　在 Dreamweaver CC 中插入隐藏对象的操作完成，如图 11-86 所示。

图 11-85   图 11-86

第 3 步　选中插入的隐藏对象，就可以在【属性】面板中设置相关属性，如图 11-87 所示。

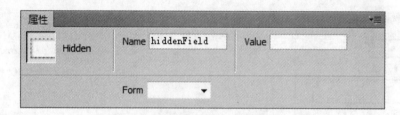

图 11-87

11.7.3 文本区域对象

在表单中插入文本区域对象的方法非常简单，下面详细介绍操作方法。

第1步 启动 Dreamweaver CC 程序，在【插入】面板中，**1.** 选择【表单】选项，**2.** 单击【文本区域】按钮，如图 11-88 所示。

图 11-88

第2步 在 Dreamweaver CC 中插入文本区域对象的操作完成，如图 11-89 所示。

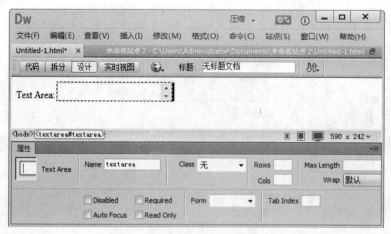

图 11-89

第3步 选中插入的文本区域对象，就可以在【属性】面板中设置相关属性，如图 11-90 所示。

图 11-90

11.8　思考与练习

一、填空题

1.　表单提供了从用户那里_____的方法，可以用于_____、订购和_____等功能。

2.　当访问者将信息输入到表单并单击提交按钮时，这些信息将被发送到_____。服务器端脚本或应用程序对这些信息进行处理，并将请求信息发送回用户或基于该表单内容执行一些操作来进行响应。通常，通过通用网关接口 (CGI)脚本、ColdFusion 页、_____、_____或_____来处理信息。如果不使用服务器端脚本或应用程序来处理表单，就无法收集这些数据。

3.　单击【密码】按钮，在表单中插入_____。密码域可以接收任何类型的文本、_____与_____内容，在以密码域方式显示的时候，输入的文本会以_____或项目符号的方式显示，这样可以避免其他用户看到这些文本信息。

4.　单击【选择】按钮，在表单域中插入选择_____或菜单。【列表】选项用于在一个列表框中显示_____，浏览者可以从该列表框中选择多个选项。【菜单】选项则是在一个菜单中显示_____，浏览者只能从中选择_____。

5.　【时间】按钮为 HTML5 新增的功能，单击该按钮，可以在表单域中插入_____元素，其应用于时间字段的_____、_____、秒(带有 time 控件)。<time>标签用于定义公历的时间(24 小时制)或_____，时间和时区偏移是可选的。该元素能够以_____的方式对日期和时间进行编码。

二、判断题

1.　通常情况下，一个表单中会包含多个对象，有时它们被称为控件。　　　(　　)

2.　所有的表单元素都包含在<form>与</form>标签中，在页面中可以插入多个表单，也可以像 Div 那样嵌套表单。　　　(　　)

3.　单击【表单】按钮，可以在网页中插入一个表单域。所有表单元素要想实现作用，就必须存在于表单域中。　　　(　　)

4.　单击【隐藏】按钮，在表单域中插入一个隐藏域。隐藏域可以存储用户输入的信息，例如姓名、电子邮件地址或常用的查看方式，在用户下次访问该网站的时候使用这些数据。　　　(　　)

5. 【电子邮件】按钮为 HTML5 新增的功能，单击该按钮，可以在表单域中插入电子邮件类型元素。电子邮件类型用于应该包含 E-mail 地址的输入域，在提交表单时会自动验证 E-mail 域的值。 （　　）

三、思考题

1. 如何在 Dreamweaver CC 中插入文件对象？
2. 如何在 Dreamweaver CC 中插入隐藏对象？

新起点
电脑教程

第12章

使用行为创建动态效果

本章要点

- 认识网页行为
- 使用行为调节浏览器
- 使用行为控制图像
- 使用行为显示文本
- 使用行为加载多媒体
- 使用行为控制表单

本章主要内容

　　本章主要介绍认识网页行为、使用行为调节浏览器、使用行为控制图像、使用行为显示文本、使用行为加载多媒体方面的知识与技巧，同时讲解了使用行为控制表单的方法。在本章的最后，还针对实际工作需求，讲解了拖动AP元素行为、恢复交换图像以及设置框架文本的方法。通过本章的学习，读者可以掌握使用行为创建动态效果方面的知识，为深入学习 Dreamweaver CC 奠定基础。

12.1 认识网页行为

行为是由事件和该事件触发的动作组成的，是一系列使用 JavaScript 程序预定义的页面特效工具，其功能很强大，深受网页设计者的喜爱。本节将介绍行为的知识。

12.1.1 事件与动作

行为可理解成是在网页中选择的一系列动作，以实现用户与网页间的交互。在 Dreamweaver 中，行为是事件和动作的组合。事件是特定的时间或是用户在某时所发出的指令后紧接着发生的，而动作是事件发生后网页所要做出的反应。

12.1.2 使用【行为】面板

在网页中应用行为之前，需要先了解【行为】面板。该面板的作用是显示当前用户选择的网页对象的事件和行为属性。下面详细介绍打开【行为】面板的操作方法。

第 1 步 在 Dreamweaver CC 菜单栏中，**1.** 选择【窗口】菜单，**2.** 在弹出的下拉菜单中选择【行为】菜单项，如图 12-1 所示。

第 2 步 完成打开【行为】面板的操作，如图 12-2 所示。

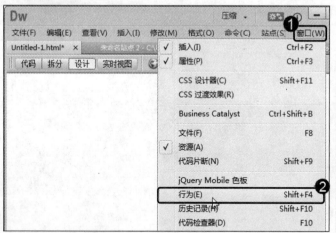

图 12-1

图 12-2

在【行为】面板中，除了显示当前所选择的网页标签类型以外，还提供了 6 个按钮，允许用户选择行为，进行编辑操作。

> ➢ 【显示设置事件】按钮：显示添加到当前文档的事件。
> ➢ 【显示所有事件】按钮：显示所有添加的行为事件。
> ➢ 【添加行为】按钮：单击该按钮，弹出下拉菜单，其中包含了可以附加到当前标签的行为。
> ➢ 【删除事件】按钮：从当前行为列表中删除选中的行为。

> ➢ 【增加事件值】按钮 ▲：动作项向前移动，改变执行的顺序。
> ➢ 【降低事件值】按钮 ▼：动作项向后移动，改变执行的顺序。

12.1.3　常见动作类型

动作是最终产生的动态效果，动态效果可以是播放声音、交换图像、弹出提示信息、自动关闭网页等，Dreamweaver 默认提供的动作种类如表 12-1 所示。

表 12-1

动作种类	说　明
调用 JavaScript	调用 JavaScript 特定函数
改变属性	改变选定客体的属性
检查浏览器	根据访问者的浏览器版本，显示适当的页面
检查插件	确认是否设有运行网页的插件
控制 Shockwave 或 Flash	控制影片的指定帧
拖动层	允许在浏览器中自由拖动层
转到 URL	可以转到特定的站点或者网页文档上
隐藏弹出式菜单	隐藏在 Dreamweaver 中制作的弹出窗口
设置导航栏图像	制作由图片组成的菜单的导航条
设置框架文本	在选定帧上显示指定内容
设置层文本	在选定层上显示指定内容
跳转菜单	可以建立若干个链接的跳转菜单
跳转菜单开始	在跳转菜单中选定要移动的站点之后，只有单击 GO 按钮才可以移动到链接的站点上
打开浏览器窗口	在新窗口中打开 URL
播放声音	在设置的事件发生之后，播放链接的音乐
弹出消息	在设置的事件发生之后，显示警告信息
预先载入图像	为了在浏览器中快速显示图片，事先下载图片之后显示出来
设置状态栏文本	在状态栏中显示指定内容
设置文本域文字	在文本字段区域显示指定内容
显示弹出式菜单	显示弹出菜单
显示-隐藏层	显示或隐藏特定层
交换图像	发生设置的事件后，用其他图片来取代选定图片
恢复交换图像	在执行交换图像动作之后，显示原来的图片
时间轴	用来控制时间轴，可以播放、停止动画
检查表单	在检查表单文档有效性的时候才能使用

12.1.4 编辑网页行为

在 Dreamweaver 中打开【行为】面板后，单击该面板中的【添加行为】按钮 ，即可在弹出的下拉菜单中选择相关的网页行为，如图 12-3 所示。

在【行为】面板的列表框中，显示当前标签已经添加的所有行为，以及触发这些行为的事件类型，如图 12-4 所示。在选中行为后，用户可以单击触发器的名称更换触发器，也可以双击行为的名称，编辑行为的内容。

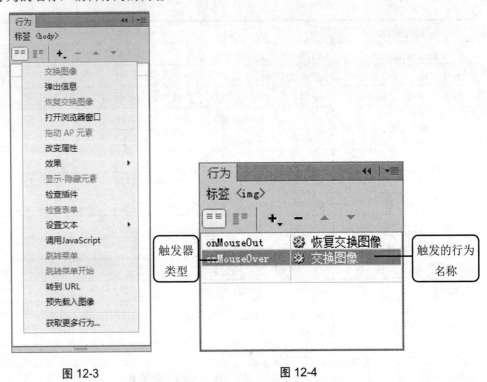

图 12-3   图 12-4

12.2 使用行为调节浏览器

在网页中最常用的 JavaScript 源代码是调节浏览器窗口的源代码，它可以按照设计者的要求打开新窗口或更换新窗口的形状，同时根据用户所使用的浏览器，将显示内容设置为不同形式。

12.2.1 打开浏览器窗口

"打开浏览器窗口"行为可以在打开一个页面的同时在一个新的窗口中打开指定的 URL，用户可以指定新窗口的属性(包括其大小)、特性(是否可以调整大小、是否具有菜单条等)和名称，如使用此行为可以在访问者单击缩略图时用一个单独的窗口打开一个较大的图像，并使窗口和该图像恰好一样大。下面详细介绍使用打开浏览器窗口行为的操作方法。

素材文件　配套素材\第 12 章\12.2.1\打开浏览器窗口.html、pop.html

效果文件　无

第1步　打开素材文件"打开浏览器窗口.html"和 pop.html。在"浏览器窗口.html"页面的标签选择器中选择\<body\>标签作为对象，如图 12-5 所示。

第2步　在【行为】面板中，**1.** 单击【添加行为】按钮，**2.** 在弹出的下拉菜单中选择【打开浏览器窗口】菜单项，如图 12-6 所示。

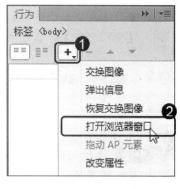

图 12-5

图 12-6

第3步　弹出【打开浏览器窗口】对话框，**1.** 在【要显示的 URL】文本框中输入网页的名称，**2.** 在【窗口高度】和【窗口宽度】文本框中输入数值，**3.** 在【窗口名称】文本框中输入名称，**4.** 单击【确定】按钮，如图 12-7 所示。

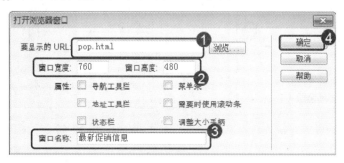

图 12-7

第4步　通过以上步骤即可完成添加打开浏览器窗口动作的操作，如图 12-8 所示。

图 12-8

在【打开浏览器窗口】对话框中，可以对要打开的浏览器窗口的相关属性进行设置。各选项的功能如下。

- ➢ 【要显示的 URL】：设置在新打开的浏览器窗口中显示的页面，可以是相对路径地址，也可以是绝对路径地址。
- ➢ 【窗口宽度】和【窗口高度】：用来设置弹出的浏览器窗口的大小。
- ➢ 【属性】：在该区域中可以选择是否在弹出的窗口中显示导航工具栏、地址工具栏、状态栏和菜单条等。
    - ◆ 【需要时使用滚动条】：选中该复选框，可以指定在内容超出可视区域时显示滚动条。
    - ◆ 【调整大小手柄】：选中该复选框，可以指定用户能够调整窗口的大小。
- ➢ 【窗口名称】：该文本框用来设置新浏览器窗口的名称。

12.2.2 调用 JavaScript

当某个鼠标事件发生的时候，可以指定调用某个 JavaScript 函数。下面详细介绍调用 JavaScript 的操作方法。

第1步 选择一个对象，*1.* 单击【行为】面板中的【添加行为】按钮，*2.* 在弹出的下拉菜单中选择【调用 JavaScript】菜单项，如图 12-9 所示。

第2步 弹出【调用 JavaScript】对话框，*1.* 在 JavaScript 文本框中输入将要执行的 JavaScript 或者要调用的函数名称，*2.* 单击【确定】按钮，即可完成操作，如图 12-10 所示。

图 12-9

图 12-10

12.2.3 转到 URL

"转到 URL" 行为可以丰富打开链接的事件及效果。通常，网页上的链接只有单击才能够被打开，使用转到 URL 行为后，可以使用不同的事件打开链接。同时该行为还可以实现一些特殊的打开链接方式，例如在页面中一次性打开多个链接，当鼠标经过对象上方时打开链接等。下面详细介绍使用转到 URL 行为的操作方法。

 素材文件　*配套素材\第 12 章\12.2.3\转到 URL.html*
效果文件　*无*

第1步 打开素材文件，选中图片，*1.* 单击【行为】面板上的【添加行为】按钮，

2. 在弹出的下拉菜单中选择【转到 URL】菜单项，如图 12-11 所示。

第 2 步 弹出【转到 URL】对话框，***1.*** 在 URL 文本框中输入网址，***2.*** 单击【确定】按钮，如图 12-12 所示。

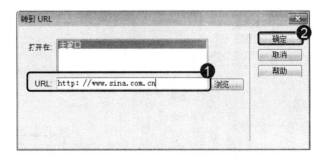

图 12-11　　　　　　　　　　　　　　　　　　　图 12-12

第 3 步 添加 "转到 URL" 行为的操作完成，如图 12-13 所示。

图 12-13

12.3　使用行为控制图像

图像是网页设计中必不可少的元素。在 Dreamweaver 中，用户可以通过使用行为，以各种各样的方式在网页中应用图像元素，从而制作出富有动感的网页效果。

12.3.1　交换图像

交换图像就是当鼠标指针经过图像时，原图像会变成另一幅图像。一个交换图像其实是由两幅图像组成的：原始图像(页面显示的图像)和交换图像(鼠标指针经过原始图像时显示的图像)。组成图像交换的两幅图像必须有相同的尺寸；如果两幅图像的尺寸不同，Dreamweaver 会自动将第二幅图像尺寸调整为与第一幅同样的大小。下面详细介绍设置交换图像的操作方法。

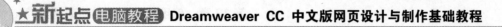

第1步 在【行为】面板中，**1.** 单击【添加行为】按钮，**2.** 在弹出的下拉菜单中选择【交换图像】菜单项，如图 12-14 所示。

第2步 弹出【交换图像】对话框，**1.** 在【设定原始档为】文本框中输入图片名称，**2.** 单击【确定】按钮，如图 12-15 所示。

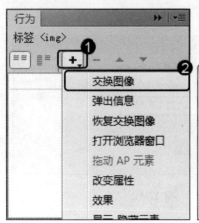

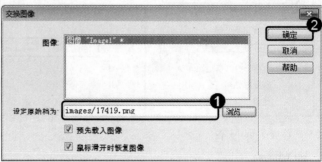

图 12-14   图 12-15

第3步 添加交换图像的操作完成，如图 12-16 所示。

图 12-16

12.3.2 预先载入图像

在浏览网页的时候，浏览器下载网页的同时有些图像不能被下载，要显示这些图片就需要再次发出下载指令，这影响浏览者浏览。使用"预先载入图像"行为先将这些图片载入到浏览器的缓存中，可以避免出现延迟。下面详细介绍预先载入图像的操作方法。

第1步 在【行为】面板中，**1.** 单击【添加行为】按钮，**2.** 在弹出的下拉菜单中选择【预先载入图像】菜单项，如图 12-17 所示。

第2步 弹出【预先载入图像】对话框，**1.** 在【图像源文件】文本框中输入图片名称，**2.** 单击【确定】按钮，如图 12-18 所示。

第3步 添加"预先载入图像"行为的操作完成，如图 12-19 所示。

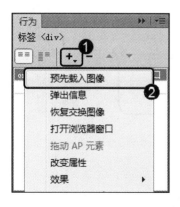

图 12-17

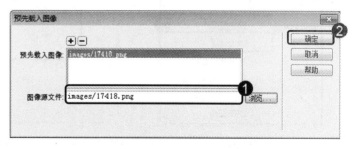

图 12-18

图 12-19

12.4　使用行为显示文本

文本作为网页文件中最基本的元素，比图像或其他多媒体元素具有更快的传输速度，因此网页文件中的大部分信息都是用文本来表示的。本节将详细介绍使用行为显示文本的操作方法。

12.4.1　设置弹出信息

当需要设置从一个网页跳转到另一个网页或特定的链接时，可以使用弹出信息行为，设置网页弹出消息框。消息框是具有文本消息的小窗口，在登录信息错误或即将关闭网页等情况下，使用消息框能够快速、醒目地实现信息提示。下面详细介绍设置弹出信息的操作方法。

第1步　在【行为】面板中，**1.** 单击【添加行为】按钮，**2.** 在弹出的下拉菜单中选择【弹出信息】菜单项，如图 12-20 所示。

第2步　弹出【弹出信息】对话框，**1.** 在【消息】文本框中输入内容，**2.** 单击【确定】按钮，如图 12-21 所示。

图 12-20

图 12-21

第3步 添加"弹出信息"行为的操作完成，如图 12-22 所示。

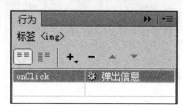

图 12-22

12.4.2 设置状态栏文本

使用状态栏文本，可以使页面在浏览器左下方的状态栏上显示一些文本信息。像一般的提示链接内容、显示欢迎信息和跑马灯等经典技巧，都可以通过这个行为来实现。

第1步 在【行为】面板中，**1.** 单击【添加行为】按钮，**2.** 在弹出的下拉菜单中选择【设置文本】菜单项，**3.** 在弹出的子菜单中选择【设置状态栏文本】菜单项，如图 12-23 所示。

第2步 弹出【设置状态栏文本】对话框，**1.** 在【消息】文本框中输入内容，**2.** 单击【确定】按钮，如图 12-24 所示。

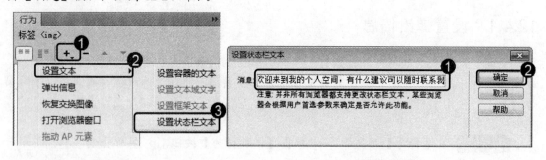

图 12-23   图 12-24

第3步 添加"设置状态栏文本"行为的操作完成，如图 12-25 所示。

图 12-25

12.4.3　设置容器的文本

"设置容器的文本"行为将页面上的现有容器(即可以包含文本或其他元素的任何元素)的内容替换为指定的内容，该内容可以包括任何有效的 HTML 源代码。下面详细介绍设置容器的文本操作方法。

第 1 步　在【行为】面板中，*1.* 单击【添加行为】按钮，*2.* 在弹出的下拉菜单中选择【设置文本】菜单项，*3.* 在弹出的子菜单中选择【设置容器的文本】菜单项，如图 12-26 所示。

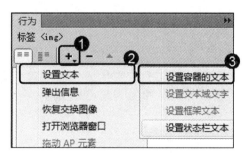

图 12-26

第 2 步　弹出【设置容器的文本】对话框，*1.* 在【新建 HTML】文本框中输入内容，*2.* 单击【确定】按钮，如图 12-27 所示。

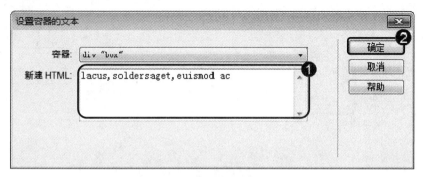

图 12-27

第 3 步　添加"设置容器的文本"行为的操作完成，如图 12-28 所示。

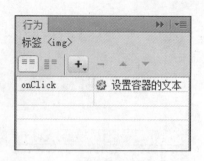

图 12-28

12.4.4 设置文本域文字

通过使用"设置文本域文字"行为可以使用指定的内容替换表单文本域的内容。下面详细介绍设置文本域文字的操作方法。

第1步 在【行为】面板中，*1.* 单击【添加行为】按钮，*2.* 在弹出的下拉菜单中选择【设置文本】菜单项，*3.* 在弹出的子菜单中选择【设置文本域文字】菜单项，如图 12-29所示。

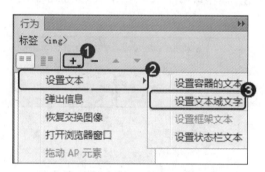

图 12-29

第2步 弹出【设置文本域文字】对话框，*1.* 在【新建文本】文本框中输入内容，*2.* 单击【确定】按钮，如图 12-30 所示。

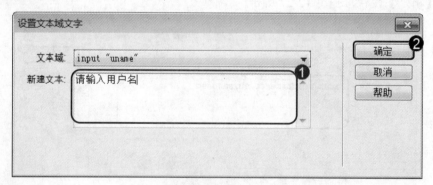

图 12-30

第3步 添加"设置文本域文字"行为的操作完成，如图 12-31 所示。

图 12-31

12.5　使用行为加载多媒体

在 Dreamweaver CC 中，用户可以利用行为控制网页中的多媒体，包括确认多媒体插件程序是否安装、改变属性、显示和隐藏元素等。

12.5.1　检查插件

插件程序是为了实现IE浏览器自身不能支持的功能而与IE浏览器连接在一起使用的程序，通常简称为插件。具有代表性的插件是 Flash 播放器。IE 浏览器没有播放 Flash 动画的功能，初次进入含有 Flash 动画的网页时，会出现需要安装 Flash 播放器的提示信息。访问者可以检查自己是否已经安装了播放 Flash 动画的插件，如果安装了该插件，就可以显示带有 Flash 动画对象的网页；如果没有安装该插件，则显示一幅仅包含图像替代的网页。安装好 Flash 播放器后，每当遇到 Flash 动画时，IE 浏览器会自动运行 Flash 播放器。

IE 浏览器的插件除了 Flash 播放器以外，还有 Shockwave 播放软件、QuickTime 播放软件等。当在网络中遇到 IE 浏览器不能显示的多媒体时，用户可以查找适当的插件来进行播放。下面详细介绍使用"检查插件"行为的操作方法。

第 1 步　在【行为】面板中，*1.* 单击【添加行为】按钮，*2.* 在弹出的下拉菜单中选择【检查插件】菜单项，如图 12-32 所示。

第 2 步　弹出【检查插件】对话框，*1.* 在【如果有，转到 URL】和【否则，转到 URL】文本框中输入网页名称，*2.* 勾选【如果无法检测，则始终转到第一个 URL】复选框，*3.* 单击【确定】按钮，如图 12-33 所示。

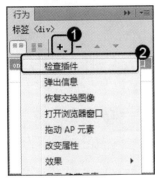

图 12-32

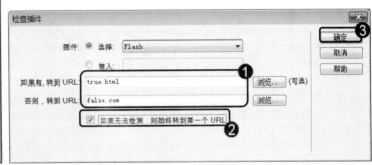

图 12-33

第3步 检查插件的操作完成，如图 12-34 所示。

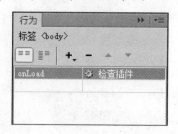

图 12-34

在【检查插件】对话框中，用户可以对相关的选项进行设置，这些选项的功能如下。

➤ 【选择】：可以在该下拉列表框中选择插件类型，包括 Flash、Shockwave、QuickTime、LiveAudio 和 Windows Media Player。

➤ 【输入】：可以直接在该文本框中输入要检查的插件类型。

➤ 【如果有，转到 URL】：可以在该文本框中直接输入当检查到浏览器中安装了所选插件时跳转到的 URL 地址，也可以单击【浏览】按钮选择目标文档。

➤ 【否则，转到 URL】：在该文本框中可以直接输入当检查到浏览器中未安装所选插件时跳转到的 URL 地址，也可以单击【浏览】按钮选择目标文档。

➤ 【如果无法检测，则始终转到第一个 URL】：勾选该复选框，如果浏览器不支持对所选插件的检查特性，则直接跳转到上面设置的第一个 URL 地址。大多数情况下，浏览器会提示并下载安装所选插件。

12.5.2　改变属性

使用"改变属性"行为可以改变对象的属性值。例如，当某个鼠标事件发生之后，通过这个动作的影响动态地改变表格的背景、Div 的背景等属性，以获得相对动态的页面。下面详细介绍改变属性的操作方法。

第1步 在【行为】面板中，**1.** 单击【添加行为】按钮，**2.** 在弹出的下拉菜单中选择【改变属性】菜单项，如图 12-35 所示。

第2步 弹出【改变属性】对话框，**1.** 在【新的值】文本框中输入内容，**2.** 单击【确定】按钮，如图 12-36 所示。

图 12-35

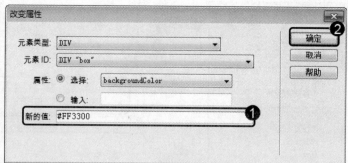

图 12-36

第3步　添加"改变属性"行为的操作完成，如图 12-37 所示。

图 12-37

在【改变属性】对话框中，用户可以对相关的选项进行设置，这些选项的功能如下。

➤ 【元素类型】：在该下拉列表中可以选择需要修改属性的元素。

➤ 【元素 ID】：用来显示网页中所有该类元素的名称，在下拉列表中选择需要修改属性的元素的名称。

➤ 【属性】：用来设置改变元素的何种属性，可以直接在【选择】下拉列表框中进行选择。如果需要更改的属性没有出现在下拉列表中，可以在【输入】文本框中手动输入属性。

➤ 【新的值】：在该文本框中可以为选择的属性赋予新的值。

12.5.3　显示和隐藏元素

"显示-隐藏元素"行为可以根据鼠标事件显示或隐藏页面中的 Div，很好地改善了网页与用户之间的交互，这个行为一般用于给用户提示一些信息。如当用户将鼠标指针滑过栏目图像时，可以显示一个 Div 元素，给出有关该栏目的说明、内容等详细信息。下面详细介绍使用"显示-隐藏元素"行为的操作方法。

第1步　在【行为】面板中，**1.** 单击【添加行为】按钮，**2.** 在弹出的下拉菜单中选择【显示-隐藏元素】菜单项，如图 12-38 所示。

第2步　弹出【显示-隐藏元素】对话框，**1.** 在【元素】下拉列表中选择元素，**2.** 单击【确定】按钮，如图 12-39 所示。

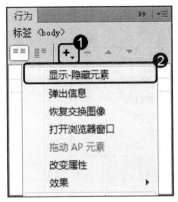

图 12-38

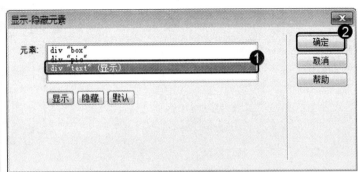

图 12-39

第3步 使用"显示和隐藏元素"行为的操作完成，如图 12-40 所示。

图 12-40

12.6 使用行为控制表单

使用行为可以控制表单元素，如常用的菜单、验证等。用户在 Dreamweaver 中制作出表单后，在提交前首先应确认是否在必填域上按照要求格式输入了信息。

12.6.1 跳转菜单

跳转菜单是创建链接的一种形式。与真正的链接相比，跳转菜单可以节省很多的空间。跳转菜单是从表单中的菜单发展而来，下面详细介绍添加跳转菜单的操作方法。

第1步 插入一个表单域，将光标定位在表单域中，*1.* 在【插入】面板中选择【表单】选项，*2.* 单击【选择】按钮，如图 12-41 所示。

第2步 插入一个选择框，*1.* 在【行为】面板中单击【添加行为】按钮，*2.* 在弹出的下拉菜单中选择【跳转菜单】菜单项，如图 12-42 所示。

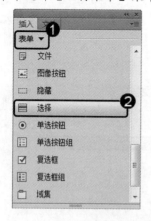

图 12-41

图 12-42

第 3 步　弹出【跳转菜单】对话框，**1.** 在【菜单项】列表框中选中准备设置的选项，**2.** 在【文本】文本框中输入"休闲游戏网站"，**3.** 在【选择时，转到 URL】文本框中输入"#"，**4.** 单击【确定】按钮，如图 12-43 所示。

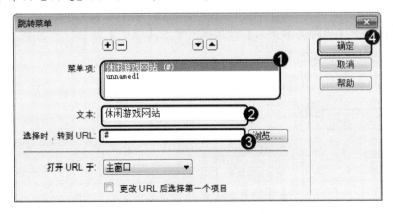

图 12-43

第 4 步　在 Dreamweaver CC 中插入跳转菜单的操作完成，如图 12-44 所示。

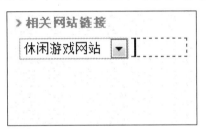

图 12-44

在【跳转菜单】对话框中，各选项的功能如下。

- 【菜单项】：在该列表框中列出了所有存在的菜单。如果是刚弹出【跳转菜单】对话框，则只有默认的【项目 1】。
- 【文本】：在该文本框中输入要在菜单中显示的文本。
- 【选择时，转到 URL】：在该文本框中可以直接选择跳转到的网页地址。也可以单击【浏览】按钮，在弹出的【选择文件】对话框中选择要链接到的文件，可以是一个 URL 的绝对地址，也可以是相对地址的文件。
- 【打开 URL 于】：在该下拉列表框中可以选择文件的打开位置，有【主窗口】和【框架】两个选项。如果选择【主窗口】选项，则在同一窗口中打开文件；如果选择【框架】选项，则在所选框架中打开文件。
- 【更改 URL 后选择第一个项目】：如果要使用菜单选择提示，可以选中该复选框。

12.6.2　跳转菜单开始

这种类型的下拉菜单比一般的下拉菜单多了一个跳转按钮，这个按钮可以是各种形式，如图片。在一般的商业网站中，这种技术很常用。下面就详细介绍添加"跳转菜单开始"

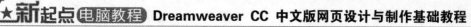

行为的操作方法。

第1步 在网页中插入一个跳转菜单，选中准备作为跳转按钮的图片，*1.* 在【行为】面板中单击【添加行为】按钮，*2.* 在弹出的下拉菜单中选择【跳转菜单开始】菜单项，如图 12-45 所示。

第2步 弹出【跳转菜单开始】对话框，单击【确定】按钮，如图 12-46 所示。

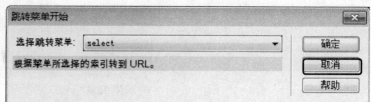

图 12-45   图 12-46

第3步 添加"跳转菜单开始"行为的操作完成，如图 12-47 所示。

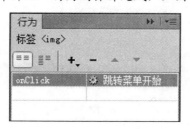

图 12-47

12.6.3 检查表单

在网上浏览时，用户经常需要填写这样或那样的表单，提交表单后，一般会有程序自动校验表单的内容是否合法。使用"检查表单"行为配以 onBlur 事件，可以在用户填写完表单的每一项之后立刻检验是否合法，也可以使用"检查表单"行为配以 onSubmit 事件，在用户单击【提交】按钮后一次性校验所有填写内容的合法性。下面详细介绍使用"检查表单"行为的操作方法。

第1步 打开准备校验表单的网页，在标签选择器中选中<form#form1>标签，如图 12-48 所示。

第2步 在【行为】面板中，*1.* 单击【添加行为】按钮，*2.* 在弹出的下拉菜单中选择【检查表单】菜单项，如图 12-49 所示。

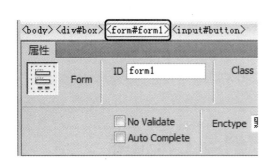

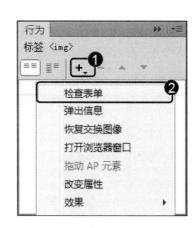

图 12-48　　　　　　　　　　　　　　　　图 12-49

第3步　弹出【检查表单】对话框，**1.** 在【域】列表框中选中 input "uname"(RisEmail)
选项，**2.** 勾选【必需的】复选框，**3.** 选中【电子邮件地址】单选按钮，如图 12-50 所示。

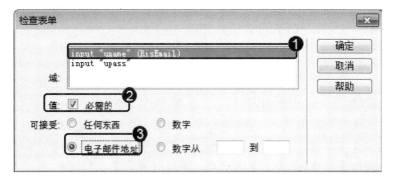

图 12-50

第4步　**1.** 在【域】列表框中选中 input "upass"(RisNum)选项，**2.** 勾选【必需的】复
选框，**3.** 选中【数字】单选按钮，**4.** 单击【确定】按钮，如图 12-51 所示。

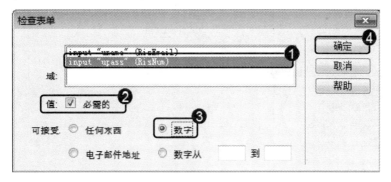

图 12-51

第5步　在【行为】面板中将触发事件修改为 onSubmit，含义是当浏览者单击表单的
【提交】按钮时，行为会检查表单的有效性，如图 12-52 所示。

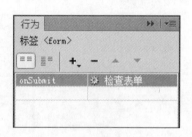

图 12-52

12.7 实践案例与上机指导

通过本章的学习，读者基本可以掌握使用行为创建动态效果的基本知识以及一些常见的操作方法，下面通过练习操作，以达到巩固学习、拓展提高的目的。

12.7.1 拖动 AP 元素行为

在某些电子商务网站上，经常会有把商品用鼠标直接拖动到购物车中的情形；在某些在线游戏网站上，还会提供一些拼图游戏等，这些使用鼠标拖动的行为称为拖动 AP 元素。下面详细介绍使用拖动 AP 元素的操作方法。

第1步 在【行为】面板中，*1.* 单击【添加行为】按钮，*2.* 在弹出的下拉菜单中选择【拖动 AP 元素】菜单项，如图 12-53 所示。

第2步 弹出【拖动 AP 元素】对话框，单击【确定】按钮，如图 12-54 所示。

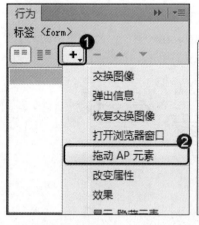
图 12-53

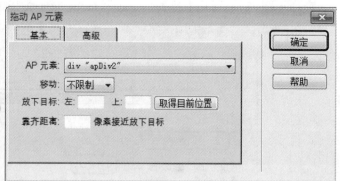
图 12-54

第3步 在【行为】面板中，将鼠标事件调整为 onMouseDown，表示鼠标按下并释放的时候拖动 AP 元素。通过以上方法即可完成添加"拖动 AP 元素"行为的操作，如图 12-55 所示。

图 12-55

12.7.2　恢复交换图像

当在页面中添加了"交换图像"行为时，会自动添加"恢复交换图像"行为，这两个行为通常是一起出现的。

"恢复交换图像"行为是将最后一组交换的图像恢复为它们的原始图像，该行为只有在网页中已经使用了"交换图像"行为后才可以使用，如图 12-56 所示。

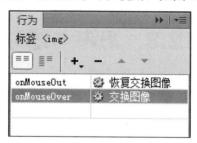

图 12-56

12.7.3　设置框架文本

"设置框架文本"行为用于包含框架结构的页面，可以动态地改变框架的文本、改变框架的显示和替换框架的内容。

选中页面中的某个对象后，单击【行为】面板上的【添加行为】按钮，在弹出的下拉菜单中选择【设置文本】菜单项，在弹出的子菜单中选择【设置框架文本】菜单项，如图 12-57 所示。

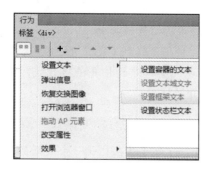

图 12-57

弹出【设置框架文本】对话框，如图 12-58 所示，对话框中各选项的功能如下。

➢ 【框架】：在该下拉列表框中选择显示设置文本的框架。
➢ 【新建 HTML】：在该文本框中设置在选定框架中显示的 HTML 代码。
➢ 【获取当前 HTML】：单击该按钮，可以在窗口显示框架中<body>标签之间的代码。
➢ 【保留背景色】：勾选该复选框，可以保留原来框架中的背景颜色。

图 12-58

12.8 思考与练习

一、填空题

1. 行为是由_____和_____组成的，是一系列使用_____预定义的页面特效工具，其功能很强大，深受网页设计者的喜爱。

2. 行为可理解成是在网页中选择的一系列_____，以实现用户与网页间的交互。在 Dreamweaver 中，行为是_____和_____的组合。事件是特定的时间或是用户在某时所发出的指令后_____，而动作是事件发生后_____所要做出的反应。

3. 动作是最终产生的_____，动态效果可以是_____、交换图像、弹出提示信息、_____等。

4. 在网页中最常用的 JavaScript 源代码是_____的源代码，它可以按照设计者的要求打开新窗口或_____，同时根据用户所使用的浏览器，将_____设置为不同形式。

5. "转到 URL"行为可以丰富打开链接的_____及效果。通常，网页上的链接只有单击才能够被打开，使用"转到 URL"行为后，可以使用_____打开链接。同时该行为还可以实现一些特殊的打开链接方式，如在页面中一次性打开多个链接，当鼠标经过对象上方时打开链接。

二、判断题

1. 使用"打开浏览器窗口"行为可以在打开一个页面的同时在一个新的窗口中打开指定的 URL，用户可以指定新窗口的属性(包括其大小)、特性(是否可以调整大小、是否具有菜单条等)和名称。 （ ）

2. 在【行为】面板的列表框中，显示当前标签已经添加的所有行为，以及触发这些行为的事件类型。在选中行为后，用户可以单击触发器的名称更换触发器，也可以双击行为的名称编辑行为的内容。　　　　　　　　　　　　　　　　　　　　　　　　　（　　）

3. 当某个鼠标事件发生的时候，可以指定调用某个 JavaScript 函数。　　　　（　　）

4. 在【打开浏览器窗口】对话框中，【要显示的 URL】文本框的作用是设置在新打开的浏览器窗口中显示的页面，可以是相对路径地址，也可以是绝对路径地址。（　　）

5. 交换图像就是当鼠标指针经过图像时，原图像会变成另一幅图像。一个交换图像其实是由两幅图像组成的：原始图像(页面显示时的图像)和交换图像(鼠标指针经过原始图像时显示的图像)。组成图像交换的两幅图像可以是不同尺寸。　　　　　　　　（　　）

三、思考题

1. 如何使用拖动 AP 元素行为？

2. 如何检查表单？

新起点
电脑教程

第 **13** 章

制作 jQuery Mobile 页面

本章要点

- jQuery 与 jQuery Mobile 概述
- 创建 jQuery Mobile 页面
- 使用 jQuery Mobile 组件

本章主要内容

　　本章主要介绍 jQuery 与 jQuery Mobile 概述、创建 jQuery Mobile 页面方面的知识与技巧，同时讲解了如何使用 jQuery Mobile 组件。在本章的最后，还针对实际的工作需求，讲解了 jQuery Mobile 主题、创建有序列表、创建内嵌列表的方法。通过本章的学习，读者可以掌握制作 jQuery Mobile 页面方面的知识，为深入学习 Dreamweaver CC 奠定基础。

13.1 jQuery 与 jQuery Mobile 概述

在使用 Dreamweaver CC 创建 jQuery Mobile 移动设备网页之前，首先应先了解 jQuery 与 jQuery Mobile 的基本特征。

13.1.1 jQuery

jQuery，是 JavaScript 和 Query(查询)两个单词的缩写，即辅助 JavaScript 开发的库。jQuery 是继 prototype 之后又一个优秀的 JavaScript 库，它兼容 CSS3，还兼容各种浏览器(IE 6.0+，FF1.5+，Safari 2.0+，Opera 9.0+)。jQuery 使用户能更方便地处理 HTML(标准通用标记语言下的一个应用)、事件，实现动画效果，并且能为网站提供 AJAX 交互。jQuery 还有一个比较大的优势，它的文档说明齐全，各种应用介绍详细，同时还有许多成熟的插件可供选择。jQuery 能够使 HTML 页面保持代码和 HTML 内容分离，也就是说，不用在 HTML 里面插入一堆 JavaScript 来调用命令，只需要定义 id 即可。

jQuery 是 2006 年 1 月由美国人 John Resig 在纽约的 Barcamp 发布，吸引了来自世界各地的众多 JavaScript 高手加入。如今，jQuery 已经成为最流行的 JavaScript 库，在世界前 10 000 个访问最多的网站中，超过 55%在使用 jQuery。

jQuery 是免费、开源的，使用 MIT 许可协议。jQuery 的语法设计使开发更加便捷，如操作文档对象、选择 DOM 元素、制作动画效果、事件处理、使用 Ajax 以及其他功能。除此以外，jQuery 还提供 API，让开发者编写插件。其模块化的使用方式使开发者可以很轻松地开发出功能强大的静态或动态网页。

13.1.2 jQuery Mobile

jQuery Mobile 是 jQuery 在手机和平板设备上的版本。jQuery Mobile 不仅给主流移动平台带来 jQuery 核心库，而且还发布一个完整统一的 jQuery 移动 UI 框架；它能支持全球主流的移动平台。

jQuery Mobile 的使命是向所有主流移动浏览器提供一种统一体验，使整个 Internet 上的内容更加丰富(无论使用何种设备)。jQuery Mobile 的目标是在一个统一的 UI 框架中交付 JavaScript 功能，可以跨智能手机和平板电脑设备工作。与 jQuery 一样，jQuery Mobile 是一个在 Internet 上直接托管、可以免费使用的开源代码基础。

jQuery Mobile 与 jQuery 核心库一样，用户在计算机上不需要安装任何程序，只需要将各种*.js 和*.css 文件直接包含在 Web 页面中即可。这样 jQuery Mobile 的功能就好像被放到了用户的指尖上，供用户随时使用。

13.2 创建 jQuery Mobile 页面

Dreamweaver 与 jQuery Mobile 集成，可以帮助用户快速设计适合大部分移动设备的网页程序，同时也可以使网页自身适应各种尺寸的设备。下面详细介绍在 Dreamweaver 中使用 jQuery Mobile 起始页创建应用程序和使用 HTML5 创建 Web 页面的方法。

13.2.1 使用 jQuery Mobile 起始页

在安装 Dreamweaver 时，软件会将 jQuery Mobile 文件的副本复制到计算机中。选择【jQuery Mobile(本地)】起始页时所打开的 HTML 页会链接到本地 CSS、JavaScript 和图像文件。下面详细介绍创建 jQuery Mobile 页面结构的操作方法。

第 1 步 启动 Dreamweaver CC 程序，**1.** 在菜单栏中选择【文件】菜单，**2.** 在弹出的菜单中选择【新建】菜单项，如图 13-1 所示。

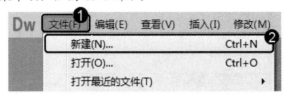

图 13-1

第 2 步 弹出【新建文档】对话框，**1.** 选择【启动器模板】选项，**2.** 在【示例文件夹】列表框中选择【Mobile 起始页】选项，**3.** 在【示例页】列表框中选中【jQuery Mobile(CDN)】、【jQuery Mobile(本地)】或【包含主题的 jQuery Mobile(本地)】选项，**4.** 单击【创建】按钮，如图 13-2 所示。

图 13-2

第3步 完成建立 jQuery Mobile 起始页的操作，如图 13-3 所示。

图 13-3

13.2.2　使用 HTML5 页

jQuery Mobile 页面组件可以充当所有其他 jQuery Mobile 组件的容器。在新的使用 HTML5 的页面中添加 jQuery Mobile 页面组件，可以创建出 jQuery Mobile 的页面结构。下面详细介绍使用 HTML5 的操作方法。

第1步 启动 Dreamweaver CC 程序，1. 在菜单栏中选择【文件】菜单，2. 在弹出的菜单中选择【新建】菜单项，如图 13-4 所示。

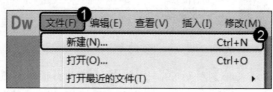

图 13-4

第2步 弹出【新建文档】对话框，1. 选择【空白页】选项，2. 在【页面类型】列表框中选择 HTML 选项，3. 在【文档类型】下拉列表中选择 HTML5 选项，4. 单击【创建】按钮，如图 13-5 所示。

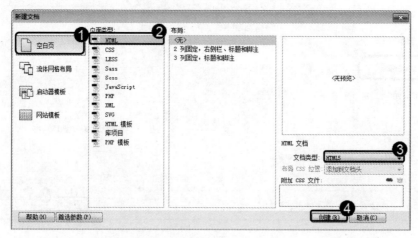

图 13-5

第 3 步　创建 HTML5 页面的操作完成，如图 13-6 所示。

图 13-6

13.2.3　jQuery Mobile 页面结构

jQuery Mobile Web 应用程序一般都要遵循下面的基本模板。

```
<!DOCTYPE html>
<html>
<head>
<title>Page Title</title>
<link rel="stylesheet"
Href=http://code.jquery-1.6.4.min.js type="text/javascript"></script>
</head>
<body>
<div data-role="page">
<div data-role="header">
<h1>Page Title</h1>
</div>
<div data-role="content">
 <p>page content goes here.</p>
 </div>
<div data-role="footer">
<h4>Page Footer</h4>
</div>
</div>
</body>
</html>
```

要使用 jQuery Mobile，首先需要在开发界面中包含以下 3 个内容：

➢　CSS 文件。

➢　jQuery library。

➢　jQuery Mobile library。

在上面的页面基本模板中，引入这 3 个元素采用的是 jQuery CDN 方式。网页开发者也可以将这些文件及主题模板下载到自己的服务器上。

基本页面模板中的内容都是包含在 div 标签中，并在标签中加入了"data-role="page""属性，这样 jQuery Mobile 就会知道哪些内容需要处理。

另外，在 page 中还包含 header、content、footer 的 div 元素。这些元素都是可选的，但至少要包含一个 content，具体解释如下。

> ➢ < div data-role= " header " ></div>：在页面的顶部建立导航工具栏，用于放置标题和按钮(典型的至少要放置一个【返回】按钮，用于返回前一页)。通过添加额外的属性"data-position= " fixed " "，可以保证头部始终保持在屏幕的顶部。

> ➢ < div data-role= "content" ></div>：包含一些主要内容，如文本、图像、按钮、列表、表单等。

> ➢ <div data-role= "footer" ></div>：在页面的底部建立工具栏，添加一些功能按钮。通过添加额外的属性"data-position= "fixed""，可以保证它始终保持在屏幕的底部。

13.3 使用 jQuery Mobile 组件

jQuery Mobile 提供了多种组件，包括列表、布局、表单等多种元素。在 Dreamweaver 中使用【插入】面板上的 jQuery Mobile 分类，可以可视化地插入这些组件。

13.3.1 使用列表视图

插入列表视图的方法非常简单，下面详细介绍操作方法。

第1步 打开 jQuery Mobile 页面，将鼠标指针定位在准备插入列表视图的位置，**1.** 在【插入】面板中选择 jQuery Mobile 选项，**2.** 单击【列表视图】按钮，如图 13-7 所示。

图 13-7

第2步 弹出【列表视图】对话框，单击【确定】按钮，如图 13-8 所示。
第3步 在页面中插入列表视图的操作完成，如图 13-9 所示。

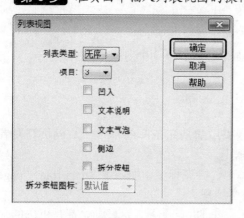

图 13-8

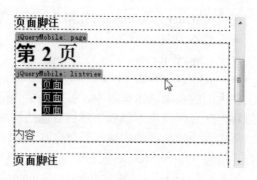

图 13-9

13.3.2　使用布局网格

因为移动设备的屏幕通常都比较小，所以不推荐在布局中使用多栏布局方法。当需要在网页中将一些小的元素并排放置时，可以使用布局网格。jQuery Mobile 框架提供了一种简单的方法构建基于 CSS 的分栏布局——ui-grid。jQuery Mobile 提供两种预设的配置布局：两列布局(class 含有 ui-grid-a)和三列布局(class 含有 ui-grid-b)。这两种配置的布局几乎可以满足任何情况(网格是 100%宽的，不可见，也没有 padding 和 margin，因此它们不会影响内部元素样式)。下面详细介绍使用布局网格的操作方法。

第 1 步　打开 jQuery Mobile 页面，将鼠标指针定位在准备插入布局网格的位置，*1.* 在【插入】面板中选择 jQuery Mobile 选项，*2.* 单击【布局网格】按钮，如图 13-10 所示。

第 2 步　弹出【布局网格】对话框，*1.* 在【行】和【列】下拉列表中选择数值，*2.* 单击【确定】按钮，如图 13-11 所示。

图 13-10

图 13-11

第 3 步　在页面中插入布局网格的操作完成，如图 13-12 所示。

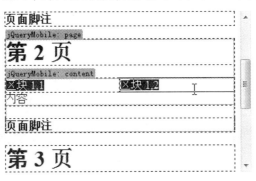

图 13-12

13.3.3　使用可折叠区块

要在网页中创建一个可折叠区块，先要创建一个容器，然后为容器添加 "data-role="collapsible"" 属性。jQuery Mobile 会将容器内的(h1~h6)子节点显示为可点击的按钮，并在左侧添加一个 "+" 按钮，表示其可以展开。在头部后面可以添加任何需要折叠的 HTML 标签，框架会自动将这些标签包裹在一个容器中用于折叠或显示。下面详细介绍使用可折叠区块的操作方法。

第1步 打开 jQuery Mobile 页面,将鼠标指针定位在准备插入可折叠区块的位置,*1.* 在【插入】面板中选择 jQuery Mobile 选项,*2.* 单击【可折叠区块】按钮,如图 13-13 所示。

第2步 此时,即可在页面中插入可折叠区块,如图 13-14 所示。

图 13-13

图 13-14

13.3.4 使用文本输入框

文本输入框使用标准的 HTML 标记,jQuery Mobile 会让它们在移动设备中变得更加易于触摸使用。下面详细介绍插入文本输入框的操作方法。

第1步 打开 jQuery Mobile 页面,将鼠标指针定位在准备插入文本输入框的位置,*1.* 在【插入】面板中选择 jQuery Mobile 选项,*2.* 单击【文本】按钮,如图 13-15 所示。

第2步 单击【实时视图】按钮,页面中插入文本输入框的效果如图 13-16 所示。

图 13-15

图 13-16

13.3.5 使用密码输入框

在 jQuery Mobile 中，用户可以使用 HTML5 输入类型，如 password。有一些类型会在不同的浏览器中被渲染成不同的样式，如 Chrome 浏览器会将 range 输入框渲染成滑动条，所以应通过将类型转换为 text 来标准化它们的外观(目前只作用于 range 和 search 元素)。用户可以使用 page 插件的选项来配置那些被降级为 text 的输入框。使用这些特殊类型输入框的好处是，在智能手机上不同的输入框对应不同的触摸键盘。下面详细介绍使用密码输入框的操作方法。

第 1 步 打开 jQuery Mobile 页面，将鼠标指针定位在准备插入密码输入框的位置，*1.* 在【插入】面板中选择 jQuery Mobile 选项，*2.* 单击【密码】按钮，如图 13-17 所示。

图 13-17

第 2 步 单击【实时视图】按钮，页面中插入密码输入框的效果如图 13-18 所示。

图 13-18

13.3.6 使用文本区域

对于多行输入，可以使用 textarea 元素。jQuery Mobile 框架会自动加大文本域的高度，防止出现滚动。下面详细介绍使用文本区域的操作方法。

第 1 步 打开 jQuery Mobile 页面，将鼠标指针定位在准备插入文本区域的位置，*1.* 在【插入】面板中选择 jQuery Mobile 选项，*2.* 单击【文本区域】按钮，如图 13-19 所示。

第 2 步 单击【实时视图】按钮，页面中插入文本区域的效果如图 13-20 所示。

图 13-19

图 13-20

13.3.7 使用选择菜单

选择菜单放弃了 select 元素的样式(select 元素被隐藏，并由一个 jQuery Mobile 框架自动以样式的按钮和菜单所替代)，菜单 ARIA(Accessible Rich Applications)不使用桌面电脑的键盘也能够访问。当选择菜单被点击时，手机自带的菜单选择器将被打开。菜单内某个值被选中后，自定义的选择按钮的值将被更新为用户选择的选项。下面详细介绍使用选择菜单的方法。

第1步 打开 jQuery Mobile 页面，将鼠标指针定位在准备插入选择菜单的位置，**1.** 在【插入】面板中选择 jQuery Mobile 选项，**2.** 单击【选择】按钮，如图 13-21 所示。

第2步 单击【实时视图】按钮，页面中插入选择菜单的效果如图 13-22 所示。

图 13-21

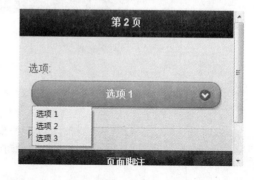

图 13-22

13.3.8 使用复选框

复选框用于提供一组选项(可以选中不止一个选项)。传统桌面程序的复选框没有对触摸输入的方式进行优化，所以在 jQuery Mobile 中，label 也被样式化为复选框按钮，使按钮更长，更容易被点击，并添加了自定义的一组图标来增强视觉反馈效果。下面详细介绍使用复选框的操作方法。

第1步 打开 jQuery Mobile 页面，将鼠标指针定位在准备插入复选框的位置，**1.** 在【插入】面板中选择 jQuery Mobile 选项，**2.** 单击【复选框】按钮，如图 13-23 所示。

第2步 弹出【复选框】对话框，**1.** 在【复选框】下拉列表中选择3，**2.** 在【布局】

区域选择【垂直】单选按钮，*3.* 单击【确定】按钮，如图 13-24 所示。

图 13-23

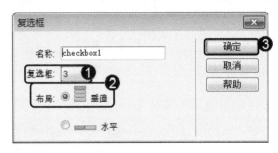

图 13-24

第 3 步　在工具栏中单击【实时视图】按钮，页面中插入复选框的效果如图 13-25 所示。

图 13-25

13.3.9　使用单选按钮

单选按钮和复选框一样，都是使用标准的 HTML 代码，并且都更容易被点击。下面详细介绍使用单选按钮的操作方法。

第 1 步　打开 jQuery Mobile 页面，将鼠标指针定位在准备插入单选按钮的位置，*1.* 在【插入】面板中选择 jQuery Mobile 选项，*2.* 单击【单选按钮】按钮，如图 13-26 所示。

第 2 步　弹出【单选按钮】对话框，*1.* 在【单选按钮】下拉列表中选择 3，*2.* 在【布局】区域选择【垂直】单选按钮，*3.* 单击【确定】按钮，如图 13-27 所示。

图 13-26

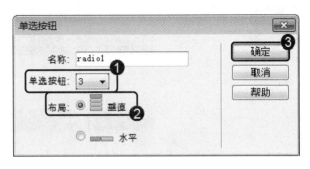

图 13-27

单击【实时视图】按钮，页面中插入单选按钮的效果如图 13-28 所示。

图 13-28

13.3.10　使用按钮

按钮是由标准 HTML 代码的 a 标签和 input 元素编写而成，jQuery Mobile 可以使其更易于在触摸屏上使用。下面详细介绍使用按钮的操作方法。

第 1 步　打开 jQuery Mobile 页面，将鼠标指针定位在准备插入按钮的位置，*1.* 在【插入】面板中选择 jQuery Mobile 选项，*2.* 单击【按钮】按钮，如图 13-29 所示。

第 2 步　弹出【按钮】对话框，*1.* 在【按钮类型】下拉列表中选择【链接】选项，*2.* 在【布局】区域选择【垂直】单选按钮，*3.* 单击【确定】按钮，如图 13-30 所示。

图 13-29

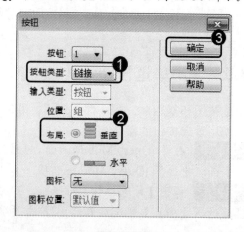

图 13-30

第 3 步　单击【实时视图】按钮，页面中插入按钮的效果如图 13-31 所示。

图 13-31

13.3.11　使用滑块

插入滑块的方法非常简单，下面详细介绍操作方法。

第 1 步　打开 jQuery Mobile 页面，将鼠标指针定位在准备插入滑块的位置，**1.** 在【插入】面板中选择 jQuery Mobile 选项，**2.** 在单击【滑块】按钮，如图 13-32 所示。

第 2 步　单击【实时视图】按钮，页面中插入滑块的效果如图 13-33 所示。

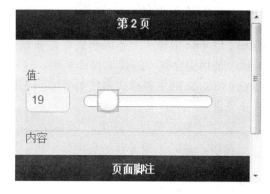

图 13-32　　　　　　　　　　　　　　　　　图 13-33

13.3.12　设置翻转切换开关

开关在移动设备上是一个常用的 UI 元素，它可以二元地切换开/关或输入 TRUE/FALSE 类型的数据。用户可以滑动拖动开关，或者点击开关任意一半进行操作。下面详细介绍设置翻转切换开关的操作方法。

第 1 步　打开 jQuery Mobile 页面，将鼠标指针定位在准备设置翻转切换开关的位置，**1.** 在【插入】面板中选择 jQuery Mobile 选项，**2.** 单击【翻转切换开关】按钮，如图 13-34 所示。

第 2 步　单击【实时视图】按钮，页面中插入翻转切换开关的效果如图 13-35 所示。

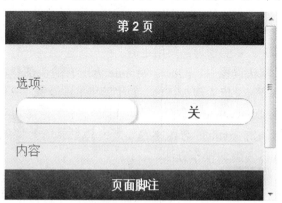

图 13-34　　　　　　　　　　　　　　　　　图 13-35

13.4 实践案例与上机指导

通过本章的学习，读者基本可以掌握制作 jQuery Mobile 页面的基本知识以及一些常见的操作方法。下面通过练习操作，达到巩固学习、拓展提高的目的。

13.4.1 jQuery Mobile 主题

jQuery Mobile 中每一个布局和组件都被设计为一个全新页面的 CSS 框架，能够为站点和应用程序使用完全统一的视觉设计主题。

jQuery Mobile 的主题样式系统与 jQuery UI 的 ThemeRoller 系统非常类型，但是有以下几点需要改进：

> 使用 CSS3 来显示圆角、文字、盒阴影和颜色渐变，而不是图片，使主题文件轻量级，减轻了服务器的负担。
> 主体框架包含了几套颜色色板。每一套都包含了可以自由混搭和匹配的头部栏、主体内容部分和按钮状态。用于构件视觉纹理，创建丰富的网页设计效果。
> 开放的主题框架允许创建最多 6 套主体样式，为设计增加近乎无限的多样性。
> 一套简化的图标集，包含了移动设备上发布部分需要的图标，并且精简到一张图片中，从而减小了图片的大小。

每一套主题样式都包括几项全局设置，即字体阴影、按钮和模型的圆角值。另外，主题也包括几套颜色模板，每一个都定义了工具栏、内容区块、按钮和列表项的颜色以及字体的阴影。

jQuery Mobile 默认内建了 5 套主题样式，用 a、b、c、d、e 引用。为了颜色主题能够保持映射到组件中，其遵循的约定如下：

> a 主题是视觉上最高级别的主题。
> b 主题为次级主题(蓝色)。
> c 主题为基础主题，在很多情况下默认使用。
> d 主题为备用的次级内容主题。
> e 主题为强调用主题。

默认设置中，jQuery Mobile 为所有的头部栏和尾部栏分配的是 a 主题，因为它们在应用中是视觉优先级最高的。如果腰围 bar 设置一个不同的主题，用户只需要为头部栏和尾部栏增加 data-theme 属性，然后设定一个主题样式字母即可。如果没有指定，jQuery Mobile 会默认为 content 分配主题 e，使其在视觉上与头部栏区分开。下面详细介绍使用 jQuery Mobile 主题的操作方法。

第1步 打开 jQuery Mobile 页面，将鼠标指针定位在准备设置 jQuery Mobile 主题的位置，**1.** 在菜单栏中选择【窗口】菜单，**2.** 在弹出的菜单中选择【jQuery Mobile 色板】菜单项，如图 13-36 所示。

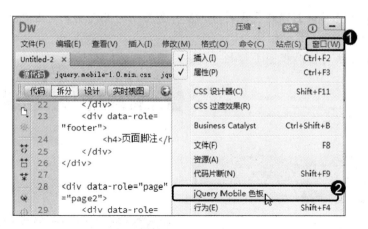

图 13-36

第 2 步　弹出【jQuery Mobile 色板】面板，单击【主题元素】列表框中的颜色，即可修改当前页面中的列表主题，如图 13-37 所示。

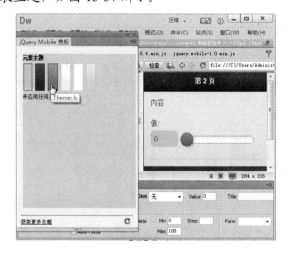

图 13-37

13.4.2　创建有序列表

通过有序列表 ol 可以创建数字排序的列表，用于表现顺序序列。例如，在设置搜索结果或电影排行榜时，有序列表非常有用。当增强效果应用在列表时，jQuery Mobile 优先使用 CSS 的方式为列表添加编号；当浏览器不支持该方式时，框架会采用 JavaScript 将编号写入列表中。jQuery Mobile 有序列表源代码如下：

```
<ol data-role="listview">
  <li><a href="#">页面</a></li>
  <li><a href="#">页面</a></li>
  <li><a href="#">页面</a></li>
</ol>
```

下面详细介绍在 Dreamweaver 中修改列表视图源代码，创建有序列表的操作方法。

第1步 在页面中创建列表视图后，在页面左侧的【代码】视图中修改列表视图源代码，如图 13-38 所示。

第2步 单击【实时视图】按钮，列表效果如图 13-39 所示。

图 13-38　　　　　　　　　　　　　　　　图 13-39

13.4.3　创建内嵌列表

列表也可以用于展示没有交互的条目，通常是一个内嵌的列表。通过有序列表或者无序列表都可以创建只读列表，列表项内没有链接。jQuery Mobile 默认将它们的主题样式设置为 c 白色无渐变色，并将字号设置得比可点击的列表项小，以达到节省空间的目的。jQuery Mobile 内嵌列表源代码如下所示：

```
<ul data-role="listview"data-inset="true">
  <li><a href="#">页面</a></li>
  <li><a href="#">页面</a></li>
  <li><a href="#">页面</a></li>
</ul>
```

下面详细介绍在 Dreamweaver 中修改列表视图源代码，创建内嵌列表的操作方法。

第1步 在页面中创建列表视图后，在页面左侧的【代码】视图中修改列表视图源代码，如图 13-40 所示。

第2步 单击【实时视图】按钮，列表效果如图 13-41 所示。

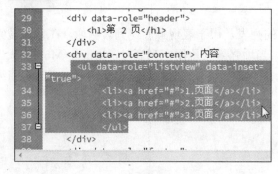

图 13-40　　　　　　　　　　　　　　　　图 13-41

13.5　思考与练习

一、填空题

1. jQuery，是_____和_____两个单词的缩写，即是辅助 JavaScript 开发的_____。

2. jQuery Mobile 是 jQuery 在_____和_____的版本。

3. 选择【jQuery Mobile(本地)】起始页时所打开的 HTML 页会链接到_____、JavaScript 和_____。

二、判断题

1. jQuery 能够使 HTML 页面保持代码和内容分离，也就是说，不用在 HTML 里面插入一堆 JavaScript 来调用命令了，只需要定义 id 即可。　　　　　　　　（　　）

2. Dreamweaver 与 jQuery Mobile 集成，可以帮助用户快速设计适合大部分移动设备的网页程序，同时也可以使网页自身适应各种尺寸的设备。　　　　　（　　）

3. jQuery Mobile 页面组件可以充当所有其他 jQuery Mobile 组件的容器。在新的使用 HTML5 的页面中添加 jQuery Mobile 页面组件，可以创建出 jQuery Mobile 的页面结构。（　　）

三、思考题

1. 如何使用列表视图？

2. 如何使用按钮？

新起点 电脑教程

第 **14** 章

站点的发布与推广

本章主要内容

本章主要介绍测试站点、上传发布网站、网站运营与维护方面的知识与技巧，同时还讲解了常见的网站推广方式。通过本章的学习，读者可以掌握站点的发布与推广方面的知识，为深入学习 Dreamweaver CC 奠定基础。

14.1　测　试　站　点

　　测试站点主要是为了保证目标浏览器中页面的内容能正常显示，网页中的链接能正常进行跳转；测试站点的另一个目的是使页面下载时间缩短。本节将详细介绍网站测试方面的知识。

14.1.1　创建站点报告

　　在测试站点时，可以使用【报告】命令来编译 HTML 属性并产生报告。下面详细介绍创建站点报告的操作方法。

　　第1步　打开准备创建站点报告的网页，**1.** 在菜单栏中选择【站点】菜单，**2.** 在弹出的下拉菜单中选择【报告】命令，如图 14-1 所示。

　　第2步　弹出【报告】对话框，**1.** 在【选择报告】列表框中选择报告类型，**2.** 单击【运行】按钮，如图 14-2 所示。

图 14-1　　　　　　　　　　　　　　　　　图 14-2

　　第3步　弹出【站点报告】面板，在面板中显示站点报告，如图 14-3 所示。

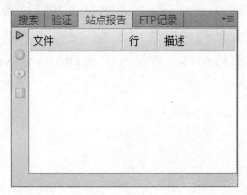

图 14-3

14.1.2　使用链接检查器

在发布站点前，应确认站点中所有文本和图形的显示正确，并且所有链接的 URL 地址正确。下面详细介绍使用链接检查器的方法。

第1步　打开准备检查链接的网页，*1.* 在菜单栏中选择【窗口】菜单，*2.* 在弹出的下拉菜单中选择【结果】菜单项，*3.* 在弹出的子菜单中选择【链接检查器】菜单项，如图 14-4 所示。

第2步　弹出【链接检查器】面板，*1.* 单击绿色三角按钮，*2.* 在弹出的下拉菜单中选择【检查整个当前本地站点的链接】菜单项，如图 14-5 所示。

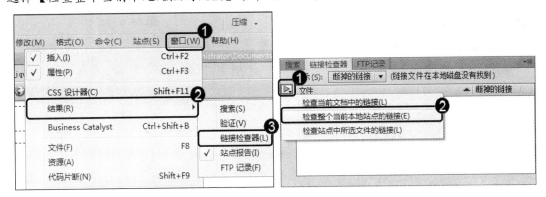

图 14-4　　　　　　　　　　　　　　　　　　图 14-5

第3步　在【链接检查器】面板中，即可显示检查结果，如图 14-6 所示。

| 搜索 | 浏览器兼容性 | 链接检查器 | 站点报告 | FTP记录 | 服务器调试 |

显示(S):　断掉的链接　(链接文件在本地磁盘没有找到)

文件	断掉的链接
/11.html	images/fudong.jpg
/index.html	style.css
/Templates/muban.dwt	11.html
/案例/index (2).html	/view/2701901.htm
/案例/index1.html	/view/2701901.htm

总共 42 个，17 个HTML，28 个孤立文件。总共 65 个链接，42 个正确，5

图 14-6

14.1.3　W3C 验证

在 Dreamweaver 中，可以通过使用 W3C 验证功能检查当前网页或整个站点中的所有网页是否符合 W3C 的要求。下面详细介绍使用 W3C 验证功能的操作方法。

第1步　打开准备验证的网页，*1.* 在菜单栏中选择【窗口】按钮，*2.* 在弹出的菜单中选择【结果】菜单项，*3.* 在弹出的子菜单中选择【验证】菜单项，如图 14-7 所示。

第2步　弹出【验证】面板，*1.* 单击左上角三角按钮，*2.* 在弹出的下拉菜单中选择【验证当前文档】菜单项，如图 14-8 所示。

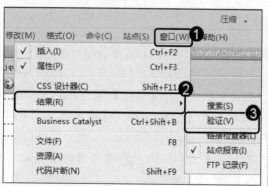

图 14-7

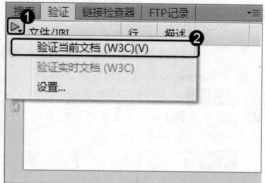

图 14-8

第3步 弹出【W3C 验证器通知】对话框,单击【确定】按钮,如图 14-9 所示。

第4步 验证完成后将显示验证结果,如图 14-10 所示。

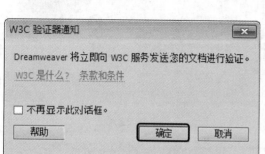

图 14-9

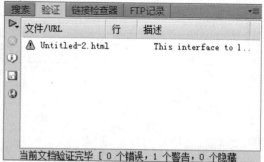

图 14-10

14.2 上传发布网站

网站制作完毕后,用户就可以将其正式上传到 Internet。在上传网站前,应先在 Internet 上申请一个网站空间,这样才能把所做的网页放到 WWW 服务器上,供全世界的人浏览。本节将详细介绍上传发布网站方面的知识。

14.2.1 连接到远程服务器

在完成了站点的远程服务器信息设置后,就可以通过 Dreamweaver 连接到远程服务器了。下面详细介绍连接到远程服务器的操作方法。

第1步 启动 Dreamweaver 程序,**1.** 在菜单栏中选择【窗口】菜单,**2.** 在弹出的下拉菜单中选择【文件】菜单项,如图 14-11 所示。

第2步 打开【文件】面板,单击面板上的【展开以显示本地和远程站点】按钮 ,如图 14-12 所示。

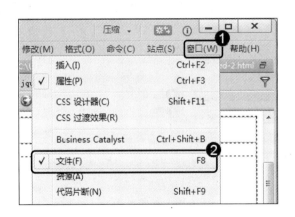

图 14-11　　　　　　　　　　　　　　　　　　图 14-12

第 3 步　打开【站点管理】窗口，单击【连接到远程服务器】按钮 ，如图 14-13 所示。

图 14-13

第 4 步　弹出【站点设置对象】对话框，**1.** 在左侧选择【服务器】选项，**2.** 在右侧单击【添加服务器】按钮 ，如图 14-14 所示。

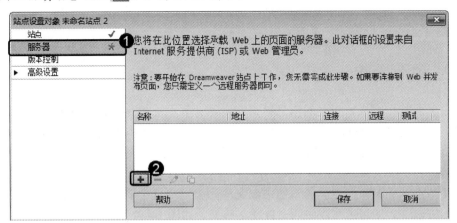

图 14-14

第5步 弹出【服务器设置】对话框，*1.* 在文本框中分别输入 FTP 地址、用户名以及密码，*2.* 单击【保存】按钮，如图 14-15 所示。

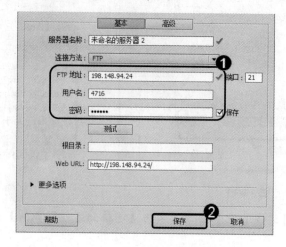

图 14-15

第6步 返回到【站点设置对象】对话框，单击【保存】按钮，如图 14-16 所示。

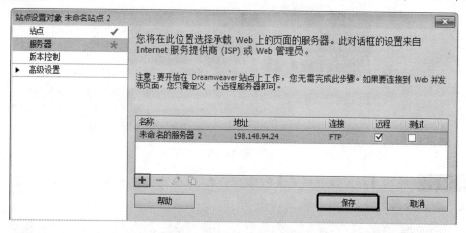

图 14-16

14.2.2 文件上传

网站页面制作完成，相关的信息检查完毕，并且已连接到远程服务器后，就可以上传站点了。在这里用户可以选择将整个站点上传到服务器上或只将部分内容上传到服务器上。一般来讲，第 1 次上传需要将整个站点上传；以后更新站点时，只需要上传被更新的文件即可。

在【站点管理】窗口右侧的本地站点文件列表框中选中要上传的文件或文件夹，单击【上传】按钮 ⇧，即可上传选中的文件或文件夹，如图 14-17 所示。

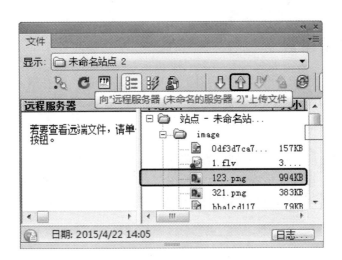

图 14-17

14.2.3　文件下载

单击【站点管理】窗口中的【连接到远程服务器】按钮，连接到远程服务器；选择需要下载的文件或文件夹，然后单击【获取文件】按钮，即可将远程服务器上的文件下载到本地计算机中，如图 14-18 所示。

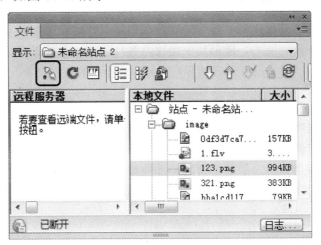

图 14-18

14.3　网站运营与维护

随着网络应用的深入和网络营销的普及，越来越多的企业意识到网站并非一次性投资建立一个网站那么简单，更重要的工作在于网站建成后的长期更新、维护及推广过程。本节将详细介绍网站运营与维护方面的知识。

14.3.1 网站的运营

想要把一个网站做好并不是一件容易的事情。简单来说，做好网站运营，至少应该注意以下几个方面。

1. 想法和创意

技术不是最重要的，但却是做网站运营的基本前提和条件。网站的运营的过程中，必须和客户、程序员，设计人员沟通，网站的语言、架构、设计这些方面多少都要熟悉。如果一点技术都不懂，创意就无法被很好地实现。因此，运营网站时，用户至少得懂一点点技术。

2. 全方位运作

做网站运营要了解传统经济，如果在传统行业有些人脉和资源更好。网站运营不是一个单独的产品，运营依然是传统的服务或者产品，而网站只是另外一个渠道。网站运营者所做的是通过互联网先进技术与传统行业相结合，为客户提供一种更为方便的服务。

所以，网站运营切忌只搞网络线上活动而脱离线下的运作。否则，只会离目标客户越来越远，陷入错误的运作模式。

3. 广告人的思维和策划能力

做网站运营同样也是在宣传。传统的广告在包装上、设计上都是非常有经验和冲击力的，广告人的思维和策划能力，能够更快地接近客户，更迅速地把产品销售出去。如果用户不懂得去宣传网站，网站没有很好的客户体验，也不可能留住客户。

4. 生产与销售

做网站运营的实质还是生产与销售。要产生赢利，就必须分析目标群体需求什么，网站能提供什么，用户能从站点上得到哪些方便、价值、信息。只有在需求和市场分析方面做足工作，这样才不会盲目。了解了市场，才能知道如何精准推广，如何在网站上有的放矢促进销售。其实网络推广和线下推广一样，重要的是思路，多借鉴传统行业的推广点子，会事半功倍。

5. 需求分析

做好网络营销，也需要去关注和学习竞争对手和同行，要做到取长补短。最好是深入了解一个行业，熟悉一种运营模式的网站，分析它们的盈利模式和用户群体，只有这样才能在运营中不断进步，变得有竞争力。学会吸收竞争对手的优点来不断完善自己，这也是一个合格的网站运营人员必不可少的。

其实运营网站和经营一个公司在本质上没有很大的区别，这两者都涉及产品设计研发、市场推广和销售、人员的管理培训、财务管理等很多方面，所以做网站运营是一个系统而庞大的工作，需要不断地学习和创新。

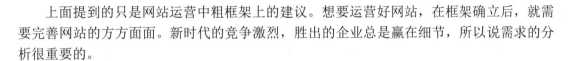

上面提到的只是网站运营中粗框架上的建议。想要运营好网站，在框架确立后，就需要完善网站的方方面面。新时代的竞争激烈，胜出的企业总是赢在细节，所以说需求的分析很重要的。

6. 网站内容的建设

网站内容的建设是网站运营的重要工作，网站内容是决定网站性质的重要因素。网站内容的建设，主要是专业的编辑人员来完成，工作包括栏目的规划、信息的采编、内容的整理与上传、文件的审阅等。所以，编辑人员的工作也是网站运营的重要环节之一，在运营网站的过程中，与优秀的网站编辑人员合作也是十分必要的。

7. 合理的网站规划

合理的网站规划包括前期的市场调研、项目的可行性分析、文档策划撰写和业务流程操作等步骤，一个网站的成功与否，与合理的网站规划有着密不可分的关系。根据网站构建的需要，网站运营商应进行有效的网站规划，如文章标题应怎么显示，广告应如何设置等。好的规划，可使网站的形象得到提升，吸引更多的客户来观摩和交流。

14.3.2　网站的更新维护

在网站优化中，网站内容的更新维护是必不可少的，由于每个网站的侧重点不同，网站内容更新维护也是有所不同的，下面详细介绍其内容。

- ➢ 网站内容更新维护的时间：网站内容的更新维护时间形成一定的规律性后，百度也会按照更新时间形成一定爬行的规律，而在这个固定的时间段里更新文章，往往很快就被收录。因此，如果条件允许的话，网站内容更新尽量在固定时间段进行。
- ➢ 网站内容更新维护的数量：网站每天更新多少篇文章才好，其实百度对这个并没有什么明确要求，一般个人网站的话每天更新 7、8 篇即可。网站每天更新最好也是按照固定的量进行。
- ➢ 网站内容的质量：这是网站更新维护最为关键的一点，网站内容质量要涉及用户体验性和 SEO 优化技术。文章的标题写法是内容更新的关键，一个权重高的网站往往会因一篇标题写得好的文章而带来不少的流量。

14.3.3　优化网站 SEO

SEO，英文全称为 Search Engine Optimization，又被称为搜索引擎优化。

搜索引擎优化是一种利用搜索引擎的搜索规则，来提高网站在有关搜索引擎内的排名的方式。SEO 的目的是：通过 SEO 这样一套基于搜索引擎的营销思路，为网站提供生态式的自我营销解决方案，让网站在行业内占据领先地位，从而获得品牌收益。

SEO 的主要工作是通过了解各类搜索引擎如何抓取互联网页面、如何进行索引以及如何确定其对某一特定关键词的搜索结果排名等技术，来对网页进行相关的优化，以提高搜索引擎排名，从而提高网站访问量，最终提升网站的销售能力或宣传能力。

对于任何一家网站来说，要想在网站推广中取得成功，搜索引擎优化都是关键的一项任务。同时，随着搜索引擎不断变换它们的排名算法规则，每次算法上的改变都会让一些排名很好的网站在一夜之间名落孙山，而失去排名的直接后果就是失去了网站固有的可观访问量。可以说，搜索引擎优化是一个愈来愈复杂的任务。

下面介绍一些有关优化网站 SEO 流程方面的知识。

- ➤ 定义网站的名字，选择与网站名字相关的域名。
- ➤ 分析围绕网站核心的内容，定义相应的栏目，定制栏目菜单导航。
- ➤ 根据网站栏目，收集信息内容并对收集的信息进行整理、修改、创作和添加。
- ➤ 选择稳定安全的服务器，保证网站 24 小时能正常打开，网速稳定。
- ➤ 分析网站关键词，合理地添加到内容中。
- ➤ 网站程序采用 Div+CSS 构造，符合 WWW 网页标准，全站生成静态网页。
- ➤ 生成 xml 与 htm 地图，便于搜索引擎对网站内容的抓取。
- ➤ 为每个网页定义标题、meta 标签。标题简洁，meta 围绕主题关键词。
- ➤ 网站经常更新相关信息内容，禁用采集，手工添置，原创为佳。
- ➤ 放置网站统计计算器，分析网站流量来源、用户关注什么内容，根据用户的需求修改与添加网站内容，增加用户体验。
- ➤ 网站设计要美观大方，菜单清晰，网站色彩搭配合理。尽量少用图片、Flash、视频等，以致影响打开速度。
- ➤ 合理的 SEO 优化，不采用群发软件，禁止针对搜索引擎网页排名的作弊，合理优化推广网站。

14.4 常见的网站推广方式

本节将详细介绍常见的网站推广方式方面的知识。

14.4.1 注册搜索引擎

搜索引擎推广是指利用搜索引擎、分类目录等具有在线检索信息功能的网络推广网站的方法。

按照搜索引擎的基本形式，大致可以分为网络蜘蛛形搜索引擎和基于人工分类目录的搜索引擎两种，前者包括搜索引擎优化、关键词广告、竞价排名、固定排名、基于内容定位的广告等多种形式，而后者则主要是在分类目录合适的类别中进行网站登录。随着搜索引擎形式的进一步发展变化，也出现了其他一些形式的搜索引擎，不过大都是以这两种形式为基础。

搜索引擎推广的方法有多种不同的形式，常见的有登录免费分类目录、登录付费分类目录、搜索引擎优化、关键词广告、关键词竞价排名、网页内容定位广告等。

从目前的发展趋势来看，搜索引擎在网络营销中的地位依然重要，并且受到越来越多企业的认可，搜索引擎营销的方式也在不断发展演变，因此应根据环境的变化选择搜索引擎营销的合适方式，如图 14-19 所示。

图 14-19

14.4.2　资源合作推广方法

指通过网站交换链接、交换广告、内容合作、用户资源合作等方式，在具有类似目标的网站之间实现互相推广。

每个企业网站均拥有自己的资源，这种资源可以表现为一定的访问量、注册用户信息、有价值的内容和功能、网络广告空间等。利用网站的资源与合作伙伴开展合作，可以实现资源共享，共同扩大收益。

在这些资源合作形式中，交换链接是最简单的一种合作方式，也是新网站推广的有效方式之一。交换链接或称互惠链接，是具有一定互补优势的网站之间的简单合作形式，即分别在自己的网站上，放置对方网站的 LOGO 或网站名称，并设置对方网站的超级链接，使得用户可以从合作网站中发现自己的网站，达到互相推广的目。

交换链接的作用主要表现在几个方面：获得访问量、加深用户浏览时的印象、在搜索引擎排名中增加优势、通过合作网站的推荐增加访问者的可信度等。

一般来说，每个网站都倾向于链接价值高的其他网站，如图 14-20 所示。

图 14-20

14.4.3　电子邮件推广

上网的人，每人至少有一个电子邮箱，因此使用电子邮件进行网上营销是目前国际上很流行的一种网络营销方式。电子邮件成本低廉、效率高、范围广、速度快，而且接触互联网的人也都是思维非常活跃的人，平均素质较高，具有较强的购买力和商业意识。越来越多的调查显示，电子邮件营销是网络营销最常用的也是最实用的方法。

以电子邮件为主要的网站推广手段，常用的方法包括电子刊物、会员通讯、专业服务商的电子邮件广告等。

群发邮件营销是最早的营销模式之一，邮件群发可以在短时间内把产品信息投放到海量的客户邮件地址内。

1. 怎样填写群发邮件主题及内容

群发邮件时，一定要注意邮件主题和邮件内容。很多邮件服务器设置了垃圾字词过滤，如果邮件主题和邮件内容中包含有大量"宣传"和"赚钱"等字词，服务器将会过滤掉该邮件，致使邮件不能发送。因此，在书写邮件主题和内容时应尽量避开有垃圾字词嫌疑的文字和词语，才能顺利群发邮件。

2. HTML 格式的邮件

大多数邮件群发软件都支持此发送形式。有的软件是将网页格式的邮件源代码复制粘贴到邮件内容处，然后选择发送模式为 HTML。

3. 如何选择 DSN 及 SMTP 服务器地址

在使用软件群发邮件时，必须正确输入可用的主机 DNS 名称。由于各 DNS 主机或 SMTP 服务器性能不一，发送速度也有差异，群发前可多试几个 DNS。选择速度快的 DNS，将大大加快群发速度。

基于用户许可的 E-mail 营销与滥发邮件(Spam)不同，许可营销比传统的推广方式或未经许可的 E-mail 营销具有明显的优势，比如可以减少广告对用户的滋扰、增加潜在客户定位的准确度、增强与客户的关系、提高品牌忠诚度等。

根据许可 E-mail 营销所应用的用户电子邮件地址资源的形式，可以分为内部列表 E-mail 营销和外部列表 E-mail 营销，或简称内部列表和外部列表。

内部列表也就是通常所说的邮件列表，是利用网站的注册用户资料开展 E-mail 营销的方式，常见的形式如新闻邮件、会员通讯、电子刊物等。外部列表 E-mail 营销则是利用专业服务商的用户电子邮件地址来开展 E-mail 营销，也就是以电子邮件广告的形式向服务商的用户发送信息，如图 14-21 所示。

图 14-21

14.4.4　导航网站登录

现在国内有大量的网址导航类站点，如 http://www.hao123.com，http://www.265.com 等。在这些网址导航类站点做上链接也能带来大量的流量，不过现在想登录上像 hao123 这种流量特别大的站点并不是件容易事，如图 14-22 所示。

图 14-22

14.4.5　软文推广

软文是分别站到用户角度、行业角度、媒体角度来有计划地撰写和发布推广广告，若软文都能够被各种网站转摘发布，可达到很好的效果。所以软文内容要有价值，让用户看了有收获；标题要能吸引网站编辑，这样才能达到最好的宣传效果。

14.4.6　BBS 论坛网站推广

在知名论坛上注册、回复帖子的过程中，用户可把签名设为自己的网站地址。如在论坛中发表热门内容，然后自己顶自己帖子。发布具有推广性的标题内容，是论坛推广成败、能否吸引用户的关键因素，如图 14-23 所示。

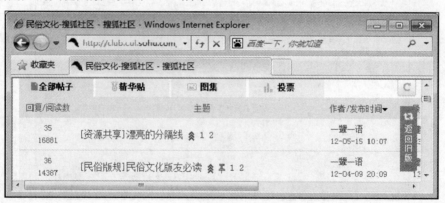

图 14-23

14.4.7 博客推广

在博客发布自己的生活经历、工作经历和某些热门话题的评论等信息的同时，还可以附带宣传网站信息。若作者是某领域有一定影响力的人物，所发布的文章更容易引起关注，吸引大量潜在顾客浏览，为读者提供了解企业的机会。用博客来推广企业网站，首要条件是拥有良好的写作能力。

现在做博客的网站很多，虽不可能把各家的博客都利用起来，但也需要多注册几个博客进行推广，尤其是新浪博客和百度博客是不能少的。新浪博客浏览量最大，许多明星都在上面开博，人气很高。百度是全球最大的中文搜索引擎，大部分上网者都习惯用百度搜索东西。

在博客中不要只写关于自己的事，时事、娱乐和热点评论会很受欢迎。利用博客推广自己的网站要巧妙，尽量别生硬地做广告，最好是软文广告。博客的题目要尽量吸引人，内容要和准备推广的网站内容尽量一致。博文题目可以适当夸大，博文的内容必须吸引人。

如何在博文里巧妙地放入广告，是必要的技能，不能在文章写好后，结尾留下个网址，人们已经看完文章，就没有必要再打开网站了。如果在博客中放一半文章，另外一半放在网站上，想看的网友就可以点击进入网站来阅读。同时，超文本链接广告也是很不错的宣传方式，利用超文本链接导入网站，那么网友在看的时候，也有可能点击进入网站。

写好博客后，有空多去别人博客转转。只要点进去，用户的头像就会在其博客里显示。出于对陌生拜访者的好奇，大部分的博主都会来你的博客看看。

14.4.8 微博推广

微博推广是以微博作为推广平台，企业利用更新自己的微博向网友传播企业、产品的信息，树着良好的企业形象和产品形象。

随着近几年微博的发展，使用人数也在不断地增长，微博推广已成为一种常见的必备的推广方法之一。然而，微博的推广并不像论坛推广那样简单，随便发个帖子就是一条外链，发了帖子就会有人去看，即使没人去看，对你也不会有什么危害。微博则不然，不合时宜的广告帖，不但起不到宣传作用，搞不好还会殃及微博的命运，让你的微博人气尽失，成为一个无人问津的死博。那么到底该如何才能发挥微博的推广作用呢？

首先，微博需要人们的精心呵护，要像自己的孩子一样去呵护它。所谓精心呵护，也就是人们平常说的养博。博主应根据自己网站的类别，确定微博的目标人群，多加一些和网站同类的微群，从中寻找活跃的群友加为好友，这在 SEO 的专业术语里叫作追星。当然了，追星的感觉绝对没有被追的感觉好，在追别人的同时，要好好想想怎样才能让别人追自己。用户要根据微博群体的共性，努力打造自己的微博风格，使之成为一个内容精美、丰富，受人喜爱的交流基地。若成了某个圈子的有影响的名人，那你的微博就功成名就了，这个时候才用它去推广网站，其效果必然是显而易见的。

其次，养好的微博也不是一劳永逸的。微博初期不能发广告的道理站长们都知道，可是一旦微博养到了一定的时候，有了一定的影响力，早就等不及的站长们便再也按耐不住了，于是便开始大肆地宣传，发广告。殊不知这又犯了大忌，不但起不到宣传作用，还很有可能让以前为养博所付出的精力付诸东流。这些都是由微博的特性决定的，因为微博本身就是具有某种共性的一类人的信息交流聚集地，没有什么利害关系的束缚，人们一点你觉得你的微博失去了这种作用，他们便会毫无眷恋的离你而去。要想留住这些人，你们发布的信息就必须要有量、有节、有度，同时，还要注重共性话题的活动质量，让有限的广告淹没在无限的共性话题之中才是上上之策，因为只有这样才能真正起到宣传作用，才能确保精心呵护的微博能良性发展。

14.4.9　病毒性营销

病毒性营销方法并非传播病毒，而是利用用户之间的主动传播，让信息像病毒那样扩散，从而达到推广的目的。

病毒性营销方法实质上是在为用户提供有价值的免费服务的同时，附加一定的推广信息，常用的工具包括免费电子书、免费软件、免费 Flash 作品、免费贺卡、免费邮箱、免费即时聊天工具等可以为用户获取信息、使用网络服务、娱乐等带来方便的工具和内容，如果应用得当，这种病毒性营销手段往往可以以极低的代价取得非常显著的效果，如图 14-24所示。

图 14-24

14.4.10 口碑营销

口碑营销是指网站运营商在调查市场需求的情况下，为消费者提供需要的产品和服务，同时制定一定的口碑推广计划，让消费者自动传播网站产品和服务的良好评价，从而让人们通过口碑了解产品、树立品牌、加强市场认知度，最终达到网站销售产品和提供服务的目的。

相对于纯粹的广告宣传、促销手段、公关交际、商家推荐，口碑营销可信度要更高。这个特征是口碑传播的核心，也是开展口碑宣传的一个最佳理由：与其不惜巨资投入广告、促销活动、公关活动来吸引潜在消费者的目光及增加客户的网站忠诚度，不如通过这种相对简单奏效的口碑传播的方式来达到推广网站的目的。

14.4.11 微信营销

微信营销是网络经济时代企业或个人营销模式的一种，是伴随着微信的火热而兴起的一种网络营销方式。微信不存在距离的限制，用户注册微信后，可与周围同样注册的"朋友"形成一种联系，订阅自己所需的信息；商家通过提供用户需要的信息，推广自己的产品，从而实现点对点的营销。

微信营销主要体现在以安卓系统、苹果系统的手机或者平板电脑中的移动客户端进行的区域定位营销，商家通过微信公众平台，结合微信会员管理系统展示商家微官网、微会员、微推送、微支付、微活动，已经形成了一种主流的线上线下微信互动营销方式。

微信营销推广网站的方式有以下优势。

1. 点对点精准营销

微信拥有庞大的用户群，借助移动终端、天然的社交和位置定位等优势，每个信息都是可以推送的，能够让每个个体都有机会接收到这个信息，继而帮助商家实现点对点精准化营销。

2. 形式灵活多样漂流瓶

用户可以发布语音或者文字然后投入大海中，如果有其他用户"捞"到，则可以展开对话。

3. 位置签名

商家可以利用"用户签名档"这个免费的广告位为自己做宣传，附近的微信用户就能看到商家的信息。

4. 开放平台

通过微信开放平台，应用开发者可以接入第三方应用，还可以将应用的 LOGO 放入微信附件栏，使用户可以方便地在会话中调用第三方应用进行内容选择与分享。

5. 公众平台

在微信公众平台上，每个人都可以用一个 QQ 号码，打造自己的微信公众账号，并在微信平台上实现和特定群体的文字、图片、语音的全方位沟通与互动。

6. 强关系的机遇

微信的点对点产品形态注定了其能够通过互动的形式将普通关系发展成强关系，从而产生更大的价值。通过互动的形式与用户建立联系，互动就是聊天，可以解答疑惑、可以讲故事甚至可以"卖萌"，用一切形式让企业与消费者形成朋友的关系，人们不会相信陌生人，但是会信任"朋友"。

14.5 思考与练习

一、填空题

1. 网站制作完毕后，用户就可以将其正式上传到 Internet。在上传网站前，应先在 Internet 上申请一个_____，这样才能把所做的网页放到_____上。

2. 做好网站运营，应该注意以下几个方面：想法和创意、_____、广告人的思维和策划能力、_____、需求分析、_____和合理的网站规划。

3. SEO，英文全称为 Search Engine Optimization，又被称为_____。搜索引擎优化是一种利用搜索引擎的_____，来提高网站在有关搜索引擎内的排名的方式。

4. SEO 的目的是通过 SEO 这样一套基于搜索引擎的_____，为网站提供生态式的_____，让网站在行业内占据领先地位，从而获得品牌收益。

5. SEO 的主要工作是通过了解各类搜索引擎如何_____、如何进行索引以及如何_____等技术，来对网页进行相关的优化，以提高搜索引擎排名，从而提高_____，最终提升网站的销售能力或宣传能力。

二、判断题

1. 测试站点主要是为了保证目标浏览器中页面的内容能正常显示，网页中的链接能正常进行跳转；测试站点的另一个目的是使页面下载时间缩短。   (   )

2. 网站页面制作完成，相关的信息检查完毕，并且已连接到远程服务器后，就可以上传站点了。在这里用户可以选择将整个站点上传到服务器上或只将部分内容上传到服务器上。一般来讲，第 1 次上传需要将整个站点上传；以后更新站点时，只需要上传被更新的文件即可。   (   )

3. 网站内容更新维护的时间：网站内容的更新维护时间形成一定的规律性后，百度也会按照更新时间形成一定爬行的规律，而在这个固定的时间段里更新文章，往往很快就被收录。因此，如果条件允许的话，网站内容更新尽量在固定时间段进行。   (   )

4. 常见的网站推广方式包括注册搜索引擎、电子邮件推广、BBS 论坛网站推广和博客推广和微博推广，等等。　　　　　　　　　　　　　　　　　　　　　　　　（　　）

三、思考题

1. 如何创建站点报告？
2. 如何使用链接检查器？

附录　思考与练习答案

第1章

一、填空题

1. 网页　图片　音频
2. 左上角　88×31　120×60　120×9
3. 字体　颜色　边框
4. 底部　480×60　横幅广告　旗帜广告

二、判断题

1. √
2. ×
3. √
4. √

三、思考题

1. 网站制作的基本流程包括前期策划、收集素材、规划网站、制作 HTML 页面、测试并上传网站、网站的更新与维护。
2. 网页的基本要素包括 Logo、Banner、导航栏、文本、图像、Flash 动画。

第2章

一、填空题

1. 菜单栏　工具栏　编辑窗口　浮动面板组
2. 【插入】【文件】【属性】
3. 在网页中创建文本　在网页中添加超级链接　应用 CSS 样式美化网页　使用框架布局网页　使用 JavaScript 行为创建动态效果
4. 属性检查器　HTML　CSS

5. 【常用】【媒体】jQuery Mobile【模板】

二、判断题

1. √
2. √
3. ×
4. √

三、思考题

1. 启动 Dreamweaver CC 程序，在菜单栏中选择【查看】菜单，在弹出的下拉菜单中选择【辅助线】菜单项，在弹出的子菜单中选择【显示辅助线】菜单项。

在菜单栏中选择【查看】菜单，在弹出的菜单中选择【标尺】菜单项，在弹出的子菜单中选择【显示】菜单项。

在左侧的标尺上单击并拖动，在上侧的标尺上单击并拖动，即可拖曳出辅助线。

2. 启动 Dreamweaver CC 程序，在菜单栏中选择【查看】菜单，在弹出的下拉菜单中选择【跟踪图像】菜单项，在弹出的子菜单中选择【载入】菜单项，弹出【选择图像源文件】对话框，选择要载入图片的位置，并选中图片，单击【确定】按钮，即可完成图像跟踪的操作。

第3章

一、填空题

1. 网站服务器　提供网络服务　页面
2. 浏览器　不可知　远程站点
3. 网站服务器　本地计算机　Internet

服务器

4. 链接结构 树状链接结构 星状链接结构

5. 本地计算机 网站 Web 服务器

二、判断题

1. √

2. √

3. √

4. √

5. √

三、思考题

1. 启动 Dreamweaver CC 程序，选择【站点】菜单，在弹出的下拉菜单中选择【管理站点】菜单项。弹出【管理站点】对话框，单击【新建站点】按钮。弹出【站点设置对象】对话框，选择【站点】选项卡，在【站点名称】文本框输入准备使用的名称，单击【浏览文件夹】按钮，选择准备使用的站点文件夹，单击【保存】按钮。

在【管理站点】对话框中显示刚刚新建的站点，单击【完成】按钮即可完成使用向导搭建站点的操作。

2. 启动 Dreamweaver CC 程序，在【文件】面板中，右击准备创建文件夹的父级文件夹，在弹出的快捷菜单中选择【新建文件夹】菜单项，即可完成创建文件夹的操作。

第 4 章

一、填空题

1. 输入文本 字号 字体样式

2. 【左对齐】【右对齐】【两端对齐】

3. 特殊字符 水平线

4. 设置标题 插入说明 设置 Meta 信息

二、判断题

1. √

2. √

3. √

4. √

三、思考题

1. 在菜单栏中选择【编辑】菜单，在弹出的下拉菜单中选择【查找和替换】菜单项，弹出【查找和替换】对话框。在【查找】文本框中输入需要替换的内容，在【替换】文本框中输入准备替换的内容，即可完成查找和替换的操作。

2. 在菜单栏中选择【修改】菜单，在弹出的下拉菜单中选择【页面属性】菜单项，弹出【页面属性】对话框，在【分类】列表框中选择【外观(CSS)】选项，根据需要在对话框的【左边距】、【右边距】、【上边距】、【下边距】文本框中输入相应的数值，即可完成设置页边距的操作。

第 5 章

一、填空题

1. JPEG 格式 GIF 格式 JPEG 格式 GIF 格式

2. "联合图像专家组" 摄影图片 连续色调图像

3. "图像交换格式" 真彩色的图像文件 50%

4. "便携网络图像" 16 位 24 位

二、判断题

1. √

2. √

3. ×

4. ×

5. √

三、思考题

1. 启动 Dreamweaver CC 程序，在【插入】面板中选择【媒体】选项，单击 HTML5 Video 按钮。

在网页中显示一个占位符，选中该占位符，在【属性】面板中，单击【源】文本框后的【浏览文件夹】按钮，弹出【选择视频】对话框，选择准备插入的文件，单击【确定】按钮。

在【属性】面板的 W 文本框中设置视频在页面中的宽度，在 H 文本框中设置视频在页面中的高度，勾选 Controls 和 AutoPlay 复选框。通过以上步骤即可完成插入 HTML5 Video 的操作。

2. 启动 Dreamweaver CC 程序，在【插入】面板中选择【媒体】选项，单击 HTML5 Audio 按钮。

在网页中显示一个占位符，选中该占位符，在【属性】面板中，单击【源】文本框后的【浏览文件夹】按钮，弹出【选择音频】对话框，选择准备插入的文件，单击【确定】按钮。通过以上步骤即可完成插入 HTML5 Audio 的操作。

第 6 章

一、填空题

1. 超级链接　超级链接
2. 源端点　目标端点　源端点　目标端点
3. 文本超链接　热点链接　脚本链接
4. 内部链接　外部链接　脚本链接

二、判断题

1. √
2. ×
3. √

4. √
5. √

三、思考题

1. 单击【拆分】按钮，显示【拆分】视图，在界面左侧的代码视图中输入 "<a name = " top " href= " index.html#top " >"，命名一个锚点。

单击【设计】按钮，切换回【设计】视图，选中文本 top，单击【属性】面板【链接】文本框后的【浏览文件夹】按钮，弹出【选择文件】对话框，选中准备添加的文件，单击【确定】按钮。

在【属性】面板的【链接】文本框中添加 "#top"，将网页保存。按 F12 键浏览网页，单击 top 文本，网页将跳转到添加的链接。

2. 选中网页中需要设置下载链接的元素，在【属性】面板中单击【链接】文本框后的【浏览文件夹】按钮，弹出【选择文件夹】对话框，选中一个文件，单击【确定】按钮。

单击【属性】面板中的【目标】下拉列表框，在弹出的下拉列表中选择 new 选项。

保存网页，按 F12 键预览网页，单击页面中文件下载链接，在浏览器中打开的【新建下载任务】对话框中单击【下载】按钮，即可下载文件。

第 7 章

一、填空题

1. 横线　竖线　单元格
2. 有序地整理页面内容　构建网页文档的布局
3. 列宽　【将表格宽度设置成像素】宽度单位　行高
4. 【页面属性】　网页文档的属性

5. 高度 宽度

二、判断题

1. √

2. √

3. ×

4. √

5. ×

三、思考题

1. 将光标定位在准备插入图像的单元格中，在菜单栏中选择【插入】菜单，在弹出的下拉菜单中选择【图像】菜单项，在弹出的子菜单中选择【图像】菜单项，弹出【选择图像源文件】对话框，选择准备插入的图像，单击【确定】按钮，通过上述操作即可完成在表格中插入图像的操作。

2. 将光标定位在准备插入表格的单元格中，在菜单栏中选择【插入】菜单，在弹出的下拉菜单中选择【表格】菜单项，弹出【表格】对话框，在【行数】文本框中输入 2，在【列】文本框中输入 2，单击【确定】按钮，通过上述操作即可完成在表格中插入表格的操作。

第 8 章

一、填空题

1. 层叠样式表 级联样式表 标记性语言 1996

2. 控制 Web 网页内容 内容 表现形式 HTML 文档

3. 自定义 CSS(类样式) 重定义标签的 CSS CSS 选择器样式(高级样式)

4. 选择器(Selector) 属性(Property) 属性值(Value)

5. 标签样式 类样式 复合内容样式

二、判断题

1. √

2. √

3. √

4. √

5. ×

三、思考题

1. 启动 Dreamweaver CC 程序，在菜单栏中选择【窗口】菜单，在弹出的下拉菜单中选择【CSS 设计器】菜单项，打开【CSS 设计器】面板，单击【源】区域中的【添加 CSS 源】按钮，在弹出的菜单中选择【创建新的 CSS 文件】菜单项。

弹出【创建新的 CSS 文件】对话框，单击【文件/URL】文本框后的【浏览】按钮。弹出【将样式表文件另存为】对话框，设置保存路径，在【文件名】文本框中输入名称 CSS1，单击【保存】按钮。

返回【创建新的 CSS 文件】对话框，选中【链接】单选按钮，单击【确定】按钮，通过以上步骤即可完成新建一个名为 CSS1 的样式表。

2. 在【属性】面板中，单击【CSS】按钮，在【目标规则】下拉列表区域中选择一个样式。

打开【CSS 设计器】面板，单击【源】区域中的【添加 CSS 源】按钮，在弹出的菜单中选择【创建新的 CSS 文件】菜单项，弹出 CSS 规则定义对话框，在【分类】列表框中选择【类型】选项，在右侧的【类型】区域中即可设置类样式，单击【确定】按钮。

第 9 章

一、填空题

1. "区分" 摆放位置 Div 标签

2. 结构和背景 起始标签 结束标签 Div 标签的属性

3. 四 填充 边框 空白边

二、判断题

1. √

2. √

3. √

三、思考题

1. XHTML 代码结构如下：

```
<!DOCTYPE html PUBLIC "-//W3C//DTD
XHTML    1.0    Transitional//EN"
"http://www.w3.org/TR/xhtml1/DTD
/xhtml1-transitional.dtd">
<html
xmlns="http://www.w3.org/1999/xh
tml">
<head>
<meta   http-equiv="Content-Type"
content="text/html;
charset=gb2312" />
<title>文杰书院_一列自适应宽度
</title>
<style type="text/css">
<!--
#layout {
border: 2px solid #A9C9E2;
background-color: #E8F5FE;
height: 200px;
width: 80%;
}
-->
</style>
</head>
<body>
<div id="layout">一列自适应宽度
</div>
</body>
</html>
```

2. CSS 代码修改为如下：

```
<style>
#left {
background-color:#00cc33;
border:1px solid #ff3399;
width:60%;
height:250px;
float:left;
}
#right{
background-color:#ffcc33;
border:1px solid #ff3399;
```

```
width:30%;
height:250px;
float:left;
}
</style>
```

第 10 章

一、填空题

1. 文本 样式 可编辑区域

2. 可编辑区域

3. .dwt Templates Templates

4. 基础模板 嵌套模板 可编辑区域

5. 模板 锁定的

二、判断题

1. √

2. ×

3. √

4. √

5. √

三、思考题

1. 在【库】面板中，右击准备重命名的库项目，在弹出的快捷菜单中选择【重命名】菜单项。

在文本框中输入新的名称，按 Enter 键，弹出【更新文件】对话框，单击【更新】按钮即可完成重命名库项目的操作。

2. 在【库】面板中，右击准备删除的库项目，在弹出的快捷菜单中选择【删除】菜单项，弹出【删除】对话框，单击【是】按钮，即可完成删除库项目的操作。

第 11 章

一、填空题

1. 收集信息 调查 搜索

2. 服务器 JSP PHP ASP

3. 密码域 字母 数字 星号

4. 列表 选项值 选项值 单个选项

5. 时间类型 时 分 日期 计算机刻度

二、判断题

1. ×

2. ×

3. √

4. √

5. √

三、思考题

1. 启动 Dreamweaver CC 程序，在【插入】面板中选择【表单】选项，单击【文件】按钮，在 Dreamweaver CC 中插入文件对象的操作完成。

2. 启动 Dreamweaver CC 程序，在【插入】面板中选择【表单】选项，单击【隐藏】按钮，在 Dreamweaver CC 中插入隐藏对象的操作完成。

第 12 章

一、填空题

1. 事件 该事件触发的动作 JavaScript 程序

2. 动作 事件 动作 紧接着发生的网页

3. 动态效果 播放声音 自动关闭网页

4. 调节浏览器窗口 更换新窗口的形状 显示内容

5. 事件及效果 不同的事件

二、判断题

1. √

2. √

3. √

4. √

5. ×

三、思考题

1. 在【行为】面板中，单击【添加行为】按钮，在弹出的下拉菜单中选择【拖动 AP 元素】菜单项。弹出【拖动 AP 元素】对话框，单击【确定】按钮。

将【行为】面板中的鼠标事件调整为 onMouseDown，表示鼠标按下并释放的时候拖动 AP 元素，通过以上方法即可完成添加拖动 AP 元素的操作。

2. 打开准备校验表单的网页，在标签选择器中选中<form#form1>标签。在【行为】面板中，单击【添加行为】按钮，在弹出的下拉菜单中选择【检查表单】菜单项。弹出【检查表单】对话框，在【域】列表框中选中 input"uname"(RisEmail)选项，勾选【必需的】复选框，选中【电子邮件】单选按钮。弹出【检查表单】对话框，在【域】列表中选中 input"upass"(RisNum)选项，勾选【必需的】复选框，选中【数字】单选按钮，单击【确定】按钮。

在【行为】面板中将触发事件修改为 onSubmit，意思是当浏览者单击表单的【提交】按钮时，行为会检查表单的有效性。

第 13 章

一、填空题

1. JavaScript Query(查询) 库

2. 手机上 平板设备上

3. 本地 CSS 图像文件

二、判断题

1. √

2. √

3. √

三、思考题

1. 打开 jQuery Mobile 页面,将鼠标指针定位在准备插入列表视图的位置,在【插入】面板中选择 jQuery Mobile 选项,单击【列表视图】按钮,弹出【列表视图】对话框,单击【确定】按钮,在页面中插入列表视图的操作完成。

2. 打开 jQuery Mobile 页面,将鼠标指针定位在准备插入按钮的位置,在【插入】面板中选择 jQuery Mobile 选项,单击【按钮】按钮,弹出【按钮】对话框,在【按钮类型】下拉列表中选择【链接】选项,在【布局】区域选择【垂直】单选按钮,单击【确定】按钮。

单击【实时视图】按钮,可以看到页面中插入按钮的效果。

第 14 章

一、填空题

1. 网站空间 WWW 服务器
2. 全方位运作 生产与销售 网站内容的建设
3. 搜索引擎优化 搜索规则
4. 营销思路 自我营销解决方案
5. 抓取互联网页面 确定其对某一特定关键词的搜索结果排名 网站访问量

二、判断题

1. √
2. √
3. √
4. √

三、思考题

1. 打开准备创建站点报告的网页,在菜单栏中选择【站点】菜单,在弹出的下拉菜单中选择【报告】菜单项,弹出【报告】对话框,在【选择报告】列表框中选择报告类型,单击【运行】按钮,弹出【站点报告】面板,在面板中显示站点报告。

2. 打开准备检查链接的网页,在菜单栏中选择【窗口】菜单,在弹出的下拉菜单中选择【结果】菜单项,在弹出的子菜单中选择【链接检查器】菜单项,弹出【链接检查器】面板,单击绿色三角按钮,在弹出的下拉菜单中选择【检查整个当前本地站点的链接】菜单项。在【链接检查器】面板中,即可显示检查结果。